JN302558

錯体化学の基礎と応用

工学博士　湯浅　真　共著
博士(理学)　秋津　貴城

コロナ社

まえがき

　本書は，大学の学部・大学院で錯体化学について講義している秋津と湯浅が，化学の基礎があり，かつ錯体化学を学ぶ学生諸氏のために書いたものである。錯体化学は，金属イオンを中心とする無機化学と各種の配位子の基となる有機化学を併せ持つ境界領域的な化学であり，さらに量子化学，構造化学などの基礎を踏まえつつ，材料化学，超分子化学，生物化学，生体模倣化学などの分野まで派生している化学でもある。そのため，このように広範にわたる錯体化学の全分野を一人で執筆することはとても難しいため，理学系の秋津が基礎（1，2章および4章）を，そして工学系の湯浅が応用（3章および5章）を担当して，1冊にまとめたものが「錯体化学の基礎と応用」と銘打つ本書になった。

　1章は，錯体化学の歴史と発展を約1世紀のノーベル化学賞業績の流れの中で振り返り，着想の基になった立体化学と化合物命名法を紹介した。

　2章は，原子から錯体（配位子や配位結合）までの化学結合を扱う理論的方法を，徐々に適用範囲を広げながら，また近似を詳しくしながら紹介した。

　3章は，錯体の置換反応と電子移動反応（あるいは酸化還元反応）を中心として，錯体の反応をできる限り基礎から応用につなげられるように執筆した。

　4章は，錯体がとりうるさまざまな配位数や配位構造の実例を挙げ，対称性を見通しよく扱う点群や，錯体の構造や物性を測定する実験方法を紹介した。

　5章は，錯体の機能・応用と錯体に関連する生物無機化学・生体模倣化学の二つの応用分野から成り，おのおの，総括的なことを図表にまとめて説明した上で，紙面の都合で代表的で特色ある分野を記載した。学生諸氏に錯体化学を興味深く理解していただければ，幸いである。

　本書の執筆に当たり，企画の段階，内容の検討など，刊行に至るまでコロナ社に多くの助言をいただいた。コロナ社の関係諸氏に心より感謝申し上げる次第である。

2014年9月

湯浅　真
秋津　貴城

目 次

1. 序 論

1.1 錯体化学の目的と意義 …………………………………………………… 1
1.2 ウェルナーの配位説 ……………………………………………………… 2
1.3 錯体化学の変遷と多様性 ………………………………………………… 5
1.4 命 名 法 …………………………………………………………………… 8
    1.4.1 数 ……………………………………………………………………… 8
    1.4.2 元素名，配位子 ……………………………………………………… 8
    1.4.3 架橋配位子 …………………………………………………………… 9
    1.4.4 有機金属錯体 ………………………………………………………… 9
    1.4.5 化合物名の例 ………………………………………………………… 10
引用・参考文献 …………………………………………………………………… 12

2. 錯体化学の基礎

2.1 原子の電子構造と周期表 ………………………………………………… 13
2.2 化 学 結 合 ………………………………………………………………… 16
    2.2.1 イオン結合 …………………………………………………………… 16
    2.2.2 共有結合（分子軌道法）…………………………………………… 18
    2.2.3 共有結合（原子価結合法）………………………………………… 21
    2.2.4 sp混成軌道 …………………………………………………………… 22
    2.2.5 sp^2混成軌道 ………………………………………………………… 23
    2.2.6 sp^3混成軌道 ………………………………………………………… 24
    2.2.7 多 重 結 合 …………………………………………………………… 25
2.3 錯体における結合 ………………………………………………………… 27

2.3.1　原子価結合法（混成軌道）･････････････････････････････27
　2.3.2　結晶場理論と配位子場理論･･･････････････････････････30
　2.3.3　分　子　軌　道　法･･･････････････････････････････････36
　2.3.4　角重なりモデル･･･････････････････････････････････････38
引用・参考文献･･43

3.　錯　体　の　反　応

3.1　金属イオンの水溶液中での反応･･･････････････････････････････45
3.2　錯体の置換反応･･47
　3.2.1　錯体の安定度定数･････････････････････････････････････47
　3.2.2　錯体の安定度定数に与える各種の影響･･･････････････････52
　3.2.3　錯体の置換反応機構･･･････････････････････････････････56
　3.2.4　立体化学的な立場からの錯体の置換反応･････････････････58
3.3　電子移動反応（酸化還元反応）････････････････････････････････60
　3.3.1　内圏型電子移動反応･･･････････････････････････････････61
　3.3.2　外圏型電子移動反応･･･････････････････････････････････63
　3.3.3　電子移動反応から酸化還元反応への適用･････････････････66
3.4　その他の錯体の反応･･68
　3.4.1　光　化　学　反　応･･･････････････････････････････････68
　3.4.2　配位子の反応･･･69
引用・参考文献･･71

4.　錯体の電子状態と構造・物性

4.1　錯体の配位数と立体構造･･････････････････････････････････････73
　4.1.1　配位数と配位構造･････････････････････････････････････73
　4.1.2　異　　　　　　性････････････････････････････････････77
4.2　錯体の結晶構造･･83
　4.2.1　X線結晶構造解析の原理･･･････････････････････････････83

4.2.2　結晶構造の例 ………………………………………………… 85
4.3　群　　　　論 ……………………………………………………………… 85
　　4.3.1　分子の対称性 ………………………………………………… 85
　　4.3.2　点群の利用 …………………………………………………… 87
4.4　錯体の紫外・可視吸収，XAFS・XPS スペクトル ……………………… 91
　　4.4.1　電子スペクトル ……………………………………………… 91
　　4.4.2　XAFS ………………………………………………………… 94
　　4.4.3　XPS …………………………………………………………… 96
　　4.4.4　分光法と酸化還元 …………………………………………… 97
4.5　錯体の磁性と電子スピン共鳴スペクトル ……………………………… 98
　　4.5.1　錯体の電子状態と磁性 ……………………………………… 98
　　4.5.2　分子磁性体 …………………………………………………… 99
　　4.5.3　電子スピン共鳴スペクトル ………………………………… 100
4.6　実　　　　例 …………………………………………………………… 101
引用・参考文献 ………………………………………………………………… 104

5. 錯体の機能・応用と生物無機化学・生体模倣化学

5.1　錯体の機能と応用 ……………………………………………………… 105
　　5.1.1　錯体の形成・置換反応を基にした機能と応用 ………… 105
　　5.1.2　錯体の電子移動反応（酸化還元反応）を基にした機能と応用 ……… 115
　　5.1.3　錯体の色彩・スペクトル・光（化学）などを基にした機能と応用 …… 117
　　5.1.4　錯体の集積化・超分子化を基にした機能と応用 ……… 125
5.2　錯体と生物無機化学・生体模倣化学 ………………………………… 129
　　5.2.1　ヘモグロビン・ミオグロビンとその模倣 ……………… 133
　　5.2.2　シトクロム c 酸化酵素とその模倣 ……………………… 141
　　5.2.3　スーパーオキシドジスムターゼとその模倣 …………… 148
引用・参考文献 ………………………………………………………………… 155

索　　　　引 ………………………………………………………………… 158

1 序　論

　錯体化学は，無機化学・有機化学・分析化学・生物化学・物性科学などの化学諸分野の接点に位置しており，重要性や適用範囲を増大させている．本章では，創始者**ウェルナー**（A. Werner）の配位説が導かれた推察と証明を今日的な視点で振り返り，錯体化学が現在発展している様子を眺め，対象となる化合物（金属錯体）に関する基本的な命名法について簡単に述べる．

1.1　錯体化学の目的と意義

　錯体化学（coordination chemistry）は**金属錯体**（metal complex）の合成，構造，反応，物性などを対象とする化学の分野である．後述するように，ウェルナーは金属錯体に関する新しい概念（**配位説**（coordination theory））を提案して，錯体化学という新しい分野を開拓した．もともと**無機化学**（inorganic chemistry）の主要な一分野であるが，**有機化学**（organic chemistry）との境界領域でもあり，生化学や物性科学との密接な関連からも，意義が増大している．

　化合物の合成や同定はもちろんであるが，構造化学的な重要性から，金属錯体の機器分析は，溶液および固体 **NMR**（nuclear magnetic resonance）や **X 線結晶構造解析**（X-ray crystal structure analysis）などの物理的な分析測定手段を駆使して研究を進めることや，**配位子場理論**（ligand field theory）に代表される電子状態理論がよく適用される点に特徴がある．近年は機能・物性を利用する立場から，**光化学**（photochemsitry）や**磁気化学**（magnetochemistry）な

どの測定手段の利用が一般化している.

金属イオン(metal ion)と**配位子**(ligand)の結合や反応性は,古典的な溶液化学としての錯形成反応として扱われる.分析試薬としての配位子や錯体の例も多い.しかし,金属と炭素の結合が特徴的な**有機金属化学**(organometallic chemistry)では,金属錯体を有機合成の**触媒**(catalyst)として用いて効率的な反応を扱っている.また近年では,有機配位子の分子設計や分子どうしの集合状態を複雑に制御した,**超分子化学**(supramolecular chemistry)の研究も盛んである.

生体触媒である**金属酵素**(metalloenzyme)やそのモデル金属錯体を対象とする**生物無機化学**(bioinorganic chemistry)では,**タンパク質**(protein)や配位子でチューニングされた**電子移動**(electron transfer)が生化学反応を起こす.いうまでもなく,金属錯体の**酸化還元**(redox)や電気化学的原理が基盤となっている.

1.2 ウェルナーの配位説 [1),2)]†

錯体化学は,1893年にウェルナーが提唱し,1913年にノーベル化学賞を受賞した「配位説」によって創始されたとされる.この当時は,1895年のX線,1896年の**放射能**(radioactivity),1897年の**電子**(electron)の発見前であり,今日のような物理的な分析測定手段がほとんどなく,化学結合理論なども未発達の状態であった.これまでの定説になじまない実験事実を,合理的に説明していった洞察経過を振り返る.

1798年に報告された$CoCl_3 \cdot 6H_2O$などの金属化合物は**錯塩**(complex salt)と呼ばれ,多様な色を示す.その構造は不明であったが,有機化合物の炭素鎖などの類推から,この構造は$Co_2\{(NH_3 \cdot NH_3) \cdot Cl\}_6$のように考えられた.当時の無機化合物の構造の考え方の主流である元素の電気的二元説では説明でき

---

† 肩付き数字は,章末の引用・参考文献番号を表す.

ず，有機化合物の構造は「手が4本」として，**不斉炭素**（asymmetric carbon）などの立体化学が持ち込まれた頃である。

ヨルゲンセン（S. M. Jørgensen）は，硝酸銀(I)水溶液中の錯塩が，黄色のルテオ塩では1当量，紫色のプルプレオ塩では2当量の塩化銀(I)沈殿を生成することを，鎖状説に基づいて説明した（**図1.1**）。**コバルト**（cobalt）(III)**イオン**はイオンの価数に対応する3原子と結合するが，直接結合した**塩化物イオン**（chloride）は沈殿せず，**アンモニア**（ammonia）と結合する塩化物イオンが電離して塩化銀(I)になるとして，色の異なる構造を区別した。ただし，立体化学を考慮しない結合の議論にとどまった。

$$Co\begin{cases}NH_3-Cl\\NH_3-NH_3-NH_3-NH_3-Cl\\NH_3-Cl\end{cases} \qquad Co\begin{cases}NH_3-Cl\\NH_3-NH_3-NH_3-NH_3-NH_3-Cl\\Cl\end{cases}$$

（a）ルテオ塩　　　　　　　　　（b）プルプレオ塩

図1.1 鎖状説での推定構造

ウェルナーは主原子価と副原子価の概念を提唱した。コバルト(III)イオンが電荷を満たすように塩化物イオンと直接結合する数を主原子価とする。また，コバルト(III)イオンと中性のアンモニアの直接結合数を副原子価として，アンモニアは塩化物イオンや**亜硝酸イオン**（nitrite）と置換しうるとした。いずれの場合でも，主原子価と副原子価の和は6となっている（**図1.2**）。

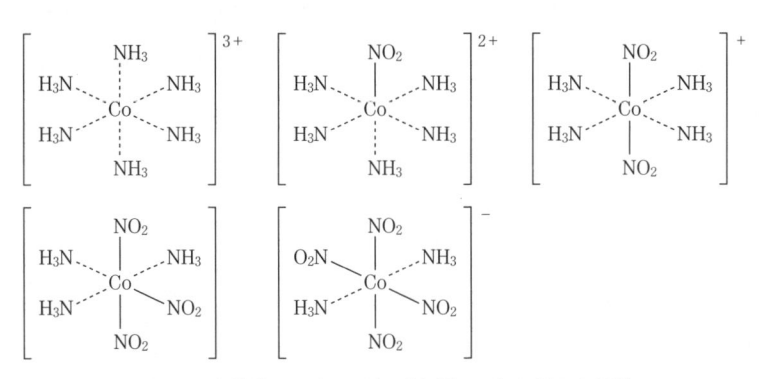

図1.2 配位説での主原子価（実線），副原子価（破線）

電気伝導度（electrical conductivity）の実験結果は，コバルト(Ⅲ)イオンに直接結合する**内圏**（inner-sphere）（[ ]の中）と**外圏**（outer-sphere）（[ ]の外で電離しやすい）にあるイオンやアンモニアを区別すれば説明ができる。実験ではコバルト錯塩 $[Co(NH_3)_6]Cl_3$, $[Co(NO_2)(NH_3)_5]Cl_2$, $[Co(NO_2)_2(NH_3)_4]Cl$, $[Co(NO_2)_3(NH_3)_3]$, $K[Co(NO_2)_4(NH_3)_2]$ の電気伝導度は，外圏イオン数 3，2，1，0，1 に相当する変化をそれぞれ示した。

　さらに（幾何）異性体の存在も，主原子価と副原子価の和は6を保ちつつ，コバルト(Ⅲ)イオンに亜硝酸イオンとアンモニアが正八面体の頂点方向に立体的に直接結合しているとすれば，説明できる。例えば $[Co(NO_2)_2(NH_3)_4]^+$ では，亜硝酸イオンが離れた2頂点にあるもの（*trans*）と，隣の2頂点にあるもの（*cis*）があるが，色も異なる**異性体**（isomer）の構造として区別することができる（**図 1.3**）。異性体については4章で詳しく述べる。

（a）トランス（*trans*）型　　　（b）シス（*cis*）型

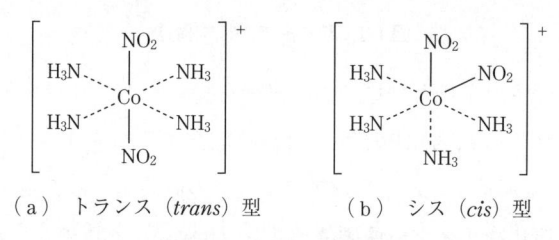

図 1.3　幾何異性体の構造

　さらにウェルナーは，ヨルゲンセンが合成した *trans*-$[CoCl_2(en)_2]Cl$（プラセオ塩）(en = **エチレンジアミン**（ethylendiamine））の**幾何異性体**（geometrical isomer）である *cis*-$[CoCl_2(en)_2]Cl$（ビオレオ塩）を1907年に合成した。考えられるコバルト(Ⅲ)錯体の異性体の組合せを合成して，当時の化学的方法で構造を決定してゆき，実験的に配位説をより確固たるものとした。しかし，三角柱型構造が否定できないなどの問題点も残された。

　そこで**八面体型**（octahedral）立体構造に予想される**光学異性体**（optical isomer）を立証するために，ウェルナーは1911年に *cis*-$[CoCl(NH_3)(en)_2]$ などの**エナンチオマー**（enentiomer）の**光学分割**（optical resolution）を行った。

これにより，配位説ならびにコバルト(III)錯体が六配位八面体型の立体構造をとることがかなり濃厚となったが，不斉の原因として en など有機配位子の炭素原子の可能性を指摘する批判があった。

ついに 1914 年にウェルナーは，炭素原子を含まないヘキソール錯体 ($[Co\{(OH)_2Co(NH_3)_4\}_3]X_6$) の光学分割に成功した（図 4.3）。これは中心のコバルト(III)の周りに，隣接する OH 基で二座**キレート**（chelate）配位子として働く三つのコバルト錯体（$[Co(OH)_2(NH_3)_4]^+$）が配位した，コバルト原子を四つ含む四核構造をとっている。

このようにして，当時の学説では説明できない化合物を説明するための仮説に過ぎなかった配位説であったが，さまざまな合成例の蓄積と，批判に対する反証となる実験事実を得ることにより，配位説は実証されていった。まさに『事実の発見→既知学説の限界→新概念理論の提示→仮説の証明』のプロセスを経て化学が進歩してきた歴史的な好例といえる。

1.3　錯体化学の変遷と多様性[3]

直近約 100 年の化学史から，錯体化学の関連事項をピックアップしてみよう。19 世紀末までに**元素**（element）の**周期表**（periodic table）が作られ，中心金属となる未発見元素も見つかり始めた。20 世紀前半の化学は，錯形成反応など分析化学が定量性を増す中で，非炭素配位原子の**孤立電子対**（lone pair）が金属イオンに供与されるウェルナー型錯体の合成・立体化学から，ウェルナーが配位説を唱え錯体化学が誕生した（1913 年ノーベル化学賞）。典型的な六配位八面体型コバルト(III)錯体の安定性（**置換不活性**（inert）との違いは 3 章で説明する）が幸いして，重要な知見が蓄積された。なお，**エチレン**（ethylene, ethene）を配位子とする有機金属錯体**ツァイゼ塩**（Zeise salt）も，すでに報告されている。

その後，X 線，放射線，電子の発見を経て，物理的手段による原子や分子の理解が深化していく基礎が築かれる。**量子力学**（quantum mechanics）の誕生

を受けて,「金属化合物の色と構造」を理解する上で必要となる,**配位結合** (coordination bond) を説明するための**化学結合論**（**結晶場理論**（crystal field theroy），**配位子場理論**（ligand field theory），**原子価結合法**（valence bond theory），**分子軌道法**（molecular orbital theory））も，モデルの精緻さと適用現象を選びながら，進化を遂げてきた。中でも金属錯体の磁性や色を説明できる結晶場理論（考案者のベーテ（H. A. Bethe）は原子核反応の業績で 1967 年ノーベル物理学賞）は，改良された配位子場理論と合わせて，対称性の高い金属錯体の d 軌道の電子や関連する性状を議論するのに優れている。電子計算機を用いた**密度汎関数法**（density functional theory，DFT）などの高精度計算化学が発達した現在でも，その重要性を失っていない。

　この時代での化学の社会への貢献としては，化学産業が有用な工業製品や原料，例えば**ポリマー**（polymer）を合成する**チタン**（titanium）触媒（**チーグラー**（K. Ziegler），**ナッタ**（G. Natta）の 1963 年ノーベル化学賞）や，**フェロセン**（ferrocene）のようなサンドイッチ型化合物（**フィッシャー**（E. O. Fischer），**ウィルキンソン**（G. Wilkinson）の 1972 年ノーベル化学賞），医薬品，肥料，燃料，機械の部品や素材，そして軍需品などを供給した点が大きい。

　20 世紀後半の化学は，精密な測定や分析技術に支えられて発展した。X 線結晶構造解析（1914 年**ラウエ**（M. von Laue），1915 年**ブラッグ**（W. H. Bragg, W. L. Bragg）のノーベル物理学賞），紫外可視・ESR・NMR（1952 年**ブロッホ**（F. Bloch），**パーセル**（E. M. Purcell）のノーベル物理学賞，1991 年**エルンスト**（R. R. Ernst）のノーベル化学賞）スペクトル，磁性測定など，今日の錯体化学でも日常的に利用している手法が普及したのはこの頃である。

　触媒はもちろん，生化学反応でも金属錯体の酸化還元や電気化学的原理は基礎となる。**ヘム**（heme）タンパク質や**光合成**（photosynthesis）など生化学や生物学分野での電子移動反応の説明にも波及した。**タウベ**（H. Taube）による金属錯体の電子移動（酸化還元）反応機構の実験的研究（1983 年ノーベル化学賞）や，電子移動反応における自由エネルギーや再配列を論じた**マーカス**

(R. A. Murcus) の理論（1992年ノーベル化学賞）が進展したのもこの頃である。

　また，有機配位子の分子設計や分子どうしの集合状態を複雑に制御した，アルカリ金属イオンが選択的に環状有機配位子に捕捉される**クラウンエーテル** (crown ether)（ペダーゼン（C. J. Pedersen），**クラム**（D. J. Cram），**レーン**（J.-M. Lehn）の1987年ノーベル化学賞）などの超分子錯体化学の研究コンセプトも提案された．配位結合や**水素結合**（hydrogen bond）といった**共有結合**（covalent bond）より弱い結合は，生体分子に倣う場合など，分子間相互作用の化学にとって重要である．

　多核（multinuclear）構造や金属－金属結合を有する錯体，空中窒素の固定を目指した**窒素**（nitrogen）錯体や，**カルボニル**（carbonyl）錯体などの有機金属などの不安定化合物を扱うための技術的進歩も欠かせない．コンピュータやエレクトロニクスの発展が研究に変化や成熟をもたらす一方，公害・環境・エネルギー問題なども，論点になり始めた．

　21世紀前半の研究は，基礎研究と応用研究の発展が一直線でなくなる中で，重要課題について目的を明確にして取り組んでいく方向性が示されつつある．**グリーンケミストリー**（green chemistry）は重要課題の一つであるが，**シャープレス**（B. Sharpless），**野依**（R. Noyori），**ノールズ**（W. S. Knowles）の錯体触媒を用いた不斉反応（2001年ノーベル化学賞）や，**ヘック**（R. F. Heck），**鈴木**（A. Suzuki），**根岸**（E. Negishi）の**パラジウム**（palladium）触媒を用いた**クロスカップリング**（cross-coupling）反応（2010年ノーベル化学賞）のように，金属錯体を有機合成の触媒として用いて効率的な反応を実現するなど，錯体化学は誕生以来約100年間，絶え間なく変遷しながら要所で存在感をアピールしてきた．

　それが可能なのは，錯体化学の持つ多様性が一つの理由であろう．すべての元素を利用でき，金属イオンと有機配位子は無限の組合せがある．**配位数**（coordination number），金属イオンの**酸化数**（oxidation number），**異性体**（isomer），多核集積構造，利用できる結合軌道など，構造・物性・反応性（機

能）のバリエーションを持つデザインが容易な特徴がある。

1.4 命 名 法[4)]

命名法はときどき変更されるので注意すること（2011年に最新英語版が出ている[†]）。化学式を日本語で書く際は，『数　接頭語　配位子名　中心金属（価数）』として，配位子名は，**陽イオン**（cation）を前に**陰イオン**（anion）を後に書く。金属イオンの酸化数はローマ数字をカッコで囲む。錯イオンが陰イオンとなる場合は「～酸」とする。式の形では，『[中心金属（配位子）]$^{n+}$』となる。配位子名は化学式のアルファベット順とする（2005年変更の和訳対応の最新日本語版が出ている[†]）。

1.4.1 数

数を表す語は，モノ（1），ジ（2），トリ（3），テトラ（4），ペンタ（5），ヘキサ（6），ヘプタ（7），オクタ（8），ノナ（9），デカ（10），ウンデカ（11），ドデカ（12）を用いる。数詞ではじまるグループに，さらにその数を示す場合は，ビス（2），トリス（3），テトラキス（4），ペンタキス（5），ヘキサシス（6），ヘプタキス（7），オクタキス（8），ノナキス（9），デカキス（10）を用いる。日本語名には日本語の数を用いる。

1.4.2 元素名，配位子

元素名は日本語として扱う。陽イオン配位子，中性配位子，炭化水素基（エチル ethyl，フェニル phenyl）は，陽イオンや分子の名称を用いる。ただし，アンミン ammine（NH_3），アクア aqua（H_2O），ニトロシル nitrosyl（NO_2），カルボニル carbonyl（CO），二酸素 dioxygen（O_2）（2005年の変更）などは特別な名称とする。

[†] 2014年9月現在

1.4 命 名 法

〔1〕陰イオン

陰イオンは，日本語では〜化物イオン，英語では〜 ide とする。例えば水素化物イオン hydride ion（H^-），フッ化物イオン fluoride ion（F^-），塩化物イオン chloride ion（Cl^-），臭化物イオン bromide ion（Br^-），水酸化物イオン hydroxide ion（OH^-），シアン化物イオン cyanide ion（CN^-），チオシアン酸イオン thiocyanate ion（SCN^-）などとなる。

〔2〕陰イオン配位子

陰イオン配位子は，英語の陰イオンの語尾を〜 ido，〜 ito，〜 ato のように変える。日本語では英語名を〜イド，〜イト，〜アトのように読む。例えば，フルオロ fluoro（F^-），クロロ chloro（Cl^-），ブロモ（Br^-），ヒドロキソ hydroxo（OH^-），シアニド cyanido（CN^-），チオシアナト thiocyanato（SCN^-），ニトリト notorito（NO_2^-），アミド amido（NH_2^-）などとなる。なお，結合異性は SCN^- では thiocyanato-S, thiocyanato-N, NO_2^- では nitorito-N, nitorito-O のように配位原子を後に記して表す。

1.4.3 架橋配位子

架橋配位子（bridging ligand）となる原子（団）には $\mu-$ を付けて，化学式では配位子の最後に，名称ではほかの配位子よりも先に置く。同じ架橋団が二つあるならばジ-$\mu-$（di-$\mu-$）とする。対称な**複核錯体**（binuclear complex）での金属-金属結合は，名称では数詞を用いて表す。化学式では金属元素記号をイタリックで表す。クラスター多核錯体は，triangulo, tetrahedro, octahedro などの語を用いたこともあった。

1.4.4 有機金属錯体

有機金属錯体では，一つの金属原子に配位に関与している炭素原子数を $\eta^2-, \eta^5-, \eta^6-$ のように表す。それぞれ，エチレン（$CH_2=CH_2$）が炭素原子 2 個で，フェロセン（$Fe(C_5H_5)_2$）の配位子である**シクロペンタジエニル**（cyclopentadienyl, C_5H_5）が炭素原子 5 個で，**ベンゼン**（benzene）が炭素原

子6個で，配位していることを示す場合に用いられる。

1.4.5　化合物名の例

このように**命名法**（nomenclature）を適用した化合物名の例を紹介する。語句の切れ目に注意すると，理解しやすい。旧称の利用や例外的な名称も頻繁に見受けられる。

$K_2[Fe(CN)_4(en)] \cdot 3H_2O$
テトラシアニド（エチレンジアミン）鉄（Ⅱ）酸カリウム三水和物
potassium tetracyanido（ethylenediamine）ferrate（Ⅱ）trihydrate
※ potassium tetra｜cyanido（ethylenediamine）ferrate（Ⅱ）tri｜hydrate
　鉄（Ⅱ）は iron（Ⅱ）でよいが慣例的に ferrate も用いる。

$trans\text{-}[PtCl_2(NH_3)_2]$
$trans\text{-}$ジアンミンジクロロ白金（Ⅱ）
$trans\text{-}$diamminedichloroplatinum（Ⅱ）
※ $trans\text{-}$di｜ammine｜di｜chloro｜platinum（Ⅱ）
　幾何異性体（$trans, cis, mer, fac$）や光学異性体（Δ，Λ）は先頭に示す。

$[Co(CO)_3(C_6H_6)]$
（η^6-ベンゼン）トリカルボニルクロム（0）
（η^6-benzene）tricarbonylchromium（0）
※（η^6-benzene）tri｜carbonyl｜chromium（0）
　有機金属錯体に見られる，η^6- や0価金属の例。

$[RhBr(C_2H_4)_2]_2$
ジ-μ-ブロモテトラキス（η^2-エチレン）二ロジウム（Ⅰ）
di-μ-bromotetrakis（η^2-ethylene）dirodium（Ⅰ）

1.4 命名法

表 1.1 配位子の構造と略号

略号	名称	構造
en	エチレンジアミン	H_2N-CH_2CH_2-NH_2
chxn	1,2-シクロヘキサンジアミン	シクロヘキサン-1,2-ジアミン (H_2N, NH_2)
py	ピリジン	ピリジン環
bpy	2,2′-ビピリジン	2,2′-ビピリジン構造
phen	1,10-フェナントロリン	1,10-フェナントロリン構造
Hdmg	ジメチルグリオキシマト (−1 イオン)	H_3C-C(=NOH)-C(=$NO^{\ominus}$)-CH_3
dppe	1,2-ビス(ジフェニルホスフィノ)エタン	Ph_2P-CH_2CH_2-PPh_2
ox	オキザラト (−2 イオン)	$^{\ominus}O$-CO-CO-$O^{\ominus}$
acac	アセチルアセトナト (−1 イオン)	H_3C-C(OH)=CH-C(=$O^{\ominus}$)-CH_3
cyclam	サイクラム	サイクラム環構造
salen	N,N'-ジサリチリデンエチレンジアミン (−2 イオン)	サレン構造
Cp	シクロペンタジエニル (−1 イオン)	$C_5H_5^{\ominus}$
Cod	1,5-シクロオクタジエン	1,5-シクロオクタジエン構造

すでに用いた en などのおもな配位子には，慣用的な略号がある（**表 1.1**）。

引用・参考文献

1) 山崎一雄，吉川雄三，池田龍一，中村大雄：錯体化学（改訂版），裳華房（1993）
2) 松林玄悦，黒沢英夫，芳賀正明，松下隆之：錯体・有機金属の化学，丸善（2003）
3) 廣田 襄：現代化学史：原子・分子の科学の発展，京都大学学術出版会（2013）
4) 日本化学会 化合物命名法委員会：無機化学命名法— IUPAC 2005 年勧告—，東京化学同人（2010）

2
錯体化学の基礎

　原子の電子構造や金属錯体の化学結合の理論には，進歩と適用範囲の拡大が見られる。原子価結合法は混成軌道で磁性を説明できるが，色の説明はできなかった。結晶場理論は色や熱力学的安定性を説明できたが，π結合を無視していた。配位子場理論は共有結合性を説明できたが配位子は含めていなかった。そしてついに分子軌道法で，金属に加えて配位子も含めた説明が可能となった。分子軌道法は計算機での計算にも適合している。こうして理論モデルは，特定の事象を超えて，現象一般を体系化することができるようになった。

2.1　原子の電子構造と周期表

　水素（hydrogen）原子の**シュレーディンガー波動方程式**（Schrödinger wave equation）を解くと，電子の状態を表す**波動関数**（wave function）$\Psi_{n,l,m}(r,\theta,\phi)$ が得られる。波動関数は動径関数 $R_{n,l}(r)$ と角関数 $Y_{l,m}(\theta,\phi)$ の積の形となり，原子軌道の電子の状態は三つの**量子数**（quntum number）によって規定される。方位量子数 l の値が 0，1，2，3 の原子軌道を，それぞれ s，p，d，f 軌道と呼んでいる。**パウリの排他原理**（Pauli exclusion principle）によると，一つの**軌道**（orbital）には，$s=1/2$ または $-1/2$ の電子**スピン**（spin）が異なる 2 電子までが入る。

$$\Psi_{n,l,m}(r,\theta,\phi) = R_{n,l}(r)Y_{l,m}(\theta,\phi) \tag{2.1}$$

　　主量子数（principal quantum number）　　$n = 1, 2, 3, \cdots, n$
　　方位量子数（azimuthal quantum number）　　$l = 0, 1, 2, \cdots, (n-1)$

磁気量子数（magnetic quantum number）
$$m = -l,\ -(l-1),\ \cdots,\ 0,\ \cdots,\ l-1,\ l$$

空間的な電子の存在分布は $r^2|\Psi_{n,l,m}(r,\theta,\phi)|^2$ に比例するので，s 軌道は球形，p 軌道は x, y, z 軸方向の亜鈴形，（実関数で表した）五つの d 軌道は**図2.1**のように x, y, z 軸に対して空間的な広がり（**ローブ**（lobe））を持つ。後から説明するのに重要なので，d 軌道のうち d_{z^2} 軌道と $d_{x^2-y^2}$ 軌道は x, y, z 軸上の正・負方向にローブが広がるのに対して，d_{xy} 軌道，d_{yz} 軌道，d_{zx} 軌道は x, y, z 軸の間にローブが広がることに注意しておく。

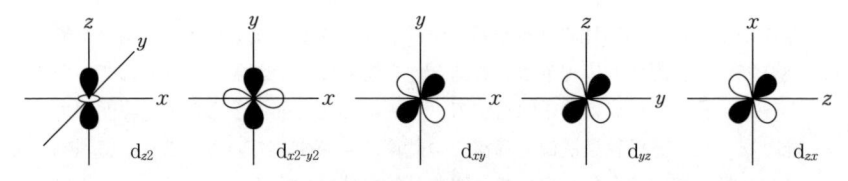

図2.1 d 軌道の空間的広がり

主量子数 n の多電子原子の軌道エネルギー E は，水素原子と似ており，m を電子の質量，e を電気素量，ε_0 を真空の誘電率，h を**プランク定数**（Plank constant）とすると

$$E = -\frac{me^4}{8\varepsilon_0^2 h^2 n^2} \tag{2.2}$$

で表される。方位量子数 l の異なる軌道も含めると，エネルギー準位の順番は

1s＜2s＜2p＜3s＜3p＜4s＜3d＜4p＜5s＜4d＜5p＜…

のように，主量子数が異なる軌道間で近くなる（または逆転する）部分もある。フント（Hund）の規則によると，同じエネルギー準位の軌道には，なるべく対を作らず電子が占められ，第一遷移系列元素の基底状態の電子配置は**表2.1**のようになる。

周期表の元素は，中性原子の**基底状態**（ground state）で最外殻電子がある軌道によって，s ブロック（1 族と He），p ブロック（13 ～ He 以外の 18 族），d ブロック（2 族，f ブロック以外の 3 族，4 ～ 12 族），f ブロック（**ランタノ**

表2.1 第一遷移系列元素の基底状態の電子配置

元素	電子配置
Sc	$(1s)^2(2s)^2(2p)^6(3s)^2(3p)^6(4s)^2(3d)^1$
Ti	$(1s)^2(2s)^2(2p)^6(3s)^2(3p)^6(4s)^2(3d)^2$
V	$(1s)^2(2s)^2(2p)^6(3s)^2(3p)^6(4s)^2(3d)^3$
Cr	$(1s)^2(2s)^2(2p)^6(3s)^2(3p)^6(4s)^1(3d)^5$
Mn	$(1s)^2(2s)^2(2p)^6(3s)^2(3p)^6(4s)^2(3d)^5$
Fe	$(1s)^2(2s)^2(2p)^6(3s)^2(3p)^6(4s)^2(3d)^6$
Co	$(1s)^2(2s)^2(2p)^6(3s)^2(3p)^6(4s)^2(3d)^7$
Ni	$(1s)^2(2s)^2(2p)^6(3s)^2(3p)^6(4s)^2(3d)^8$
Cu	$(1s)^2(2s)^2(2p)^6(3s)^2(3p)^6(4s)^1(3d)^{10}$

イド（lanthanoide），**アクチノイド**（actinoide））に分類される．不完全に電子が満たされた d 軌道（d^1 から d^9 電子配置）や f 軌道（f^1 から f^{13} 電子配置）をとる元素を**遷移元素**（transition element）と呼ぶ．ただし，ブロック分類には諸説がある．

18族元素と同じ安定な閉殻構造（表2.1では Ar$(1s)^2(2s)^2(2p)^6(3s)^2(3p)^6$）の外にある 3d と 4s 軌道の電子数が，原子番号順に変化していく．第一遷移系列元素では，エネルギーの高い 3d 軌道の電子が失われて 2 価イオンとなるとき，**不対電子**（unpaired electron）数 N に対する**有効磁気モーメント**（effective magnetic moment）$\mu = (N(N+2))^{1/2}\mu_B$ は，**表2.2**のようになる．

このように金属錯体では，中心金属原子の価数（関連する酸化状態，色，磁性）や配位子の配位原子の結合軌道が重要な役割を果たしている．合成例など

表2.2 自由な 2 価イオンの有効磁気モーメント（B.M.），不対電子数，3d 電子配置

イオン名	磁気モーメント(B.M.)	不対電子数	3d 電子配置
$Ti^{2+}(3d)^2$	2.83	2	↑ , ↑ , ○ , ○ , ○
$V^{2+}(3d)^3$	3.87	3	↑ , ↑ , ↑ , ○ , ○
$Cr^{2+}(3d)^4$	4.90	4	↑ , ↑ , ↑ , ↑ , ○
$Mn^{2+}(3d)^5$	5.92	5	↑ , ↑ , ↑ , ↑ , ↑
$Fe^{2+}(3d)^6$	4.90	4	↑ , ↑ , ↑ , ↑ , ↑↓
$Co^{2+}(3d)^7$	3.87	3	↑ , ↑ , ↑ , ↑↓ , ↑↓
$Ni^{2+}(3d)^8$	2.83	2	↑ , ↑ , ↑↓ , ↑↓ , ↑↓
$Cu^{2+}(3d)^9$	1.73	1	↑ , ↑↓ , ↑↓ , ↑↓ , ↑↓
$Zn^{2+}(3d)^{10}$	0	0	↑↓ , ↑↓ , ↑↓ , ↑↓ , ↑↓

に先立って，周期表の元素や電子配置に関連して，これらの特徴を述べておく。

中心金属原子に関して，周期表で右ほど低酸化状態が安定な傾向がある（左のSc^{3+}と右のCu^{2+}）。周期表で 4d, 5d の下ほど高酸化状態が安定な傾向がある（Cr^{3+}だけでなくCr^{6+}もあるが，むしろMo^{6+}やW^{6+}が安定。逆にMo^{3+}やW^{3+}は少ない）。周期表で左の前周期ほどイオン半径が大きく高配位数が可能となるのは，**オキソ**（oxo）錯体などでは顕著な例が知られている。また，**クラスター**（cluster）で見られる金属-金属結合は，前周期で低酸化数の原子で見られる傾向がある。

配位原子については，ウェルナー型錯体では σ 型配位（金属イオンに対する供与）結合を形成するために非共有電子対の存在が必須である。さらに，有機金属錯体で顕著な **π 逆供与**（π-backdonation）結合（金属イオンからの配位子の空の π^* 軌道への電子供与）をする場合には，電子を受容できる π 酸性配位子とは，周期表で右の後周期金属 (Ni, Pd, Pt, Co, Rh, Ir, Fe, Ru, Os) の低原子価状態（0, +1, +2）との相性が良いとされている。つぎの代表例がある。

σ 供与性の例

　H_2O, NH_3, F^-, Cl^-, Br^-, I^-, OH^-, CH_3COO^-, en, O^{2-}, S^{2-}

π 受容性の例

　CO, NO, CN^-, $P(C_2H_5)_3$, PPh_3, $H_2C=CH_2$, $HC\equiv CH$, $[CH_2=CHCH_3]^-$, bpy, phen, ポルフィリン

2.2 化学結合

2.2.1 イオン結合

イオン結合（ionic bond）は，18族元素のような安定な電子配置をとるように，2原子間で電子が移動してできた陽・陰のイオンが，静電引力により結合しており，固体ではイオンが規則正しく配列した**イオン結晶**（ionic crystal）を形成している。例えば**食塩**（sodium chloride）NaClの場合，イオン化の反

応やエネルギー収支は下記のようになり，**イオン化エネルギー**（ionization energy）-**電子親和力**（electron affinity）の差に相当するエネルギー変化を伴う。

$$Na(g) \rightarrow Na^+(g) + e^- \quad [+イオン化エネルギーが必要] \quad (2.3)$$

$$Cl(g) + e^- \rightarrow Cl^-(g) \quad [-電子親和力を放出] \quad (2.4)$$

$$\therefore \quad Na(g) + Cl(g) \rightarrow Na^+(g) + Cl^-(g) [イオン化エネルギー-電子親和力] \quad (2.5)$$

気相の NaCl を陽・陰イオンにするつぎの反応には，結合解離エネルギーが必要となるが，これは静電引力のポテンシャルエネルギー ($e^2/(4\pi\varepsilon_0 r)$)-イオン化エネルギーの差に相当する。

$$NaCl(g) \rightarrow Na^+(g) + Cl^-(g) \quad [+結合解離エネルギーが必要] \quad (2.6)$$

さて，気相の陽・陰イオンをイオン結晶の NaCl(s) にする際に**格子エネルギー**（lattice energy）が放出されるが，直接計測することは困難である。エネルギー収支は反応経路によらないことから，ほかの過程の実測値と，**ボルン・ハーバーサイクル**（Born-Haber cycle）を用いると，間接的に格子エネルギーを求めることができる（図 2.2）。

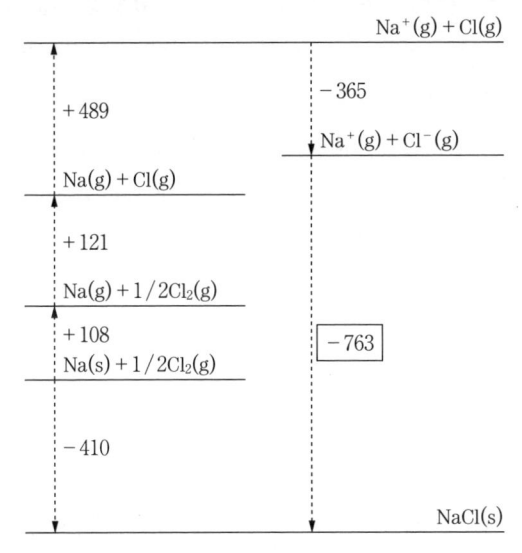

図 2.2　NaCl のボルン・ハーバーサイクル〔kJ/mol〕と格子エネルギー（□囲い）

Na$^+$(g) + Cl$^-$(g) → NaCl(s) [−格子エネルギーを放出]

図2.2より，NaClの格子エネルギーは763 kJ/molと計算される．格子エネルギーの計算値と実測値はイオン結合性の化合物では良く一致するが，**ヨウ化物イオン**（iodide）を含む化合物では，**共有結合性**（covelency）の寄与によるずれが生じることが知られている．なお共有結合性は，実測と計算の**双極子モーメント**（dipole moment）値の商から見積もれる．

2.2.2 共有結合（分子軌道法）

共有結合は，原子軌道間の重なりによる強い結合である．共有結合を切断するには，両側の原子の**電気陰性度**（electron negativity）の偏りによるイオン結合性や**結合次数**（bond order）（＝[結合性軌道の電子数 − 反結合性軌道の電子数]/2）に依存する結合解離エネルギーが必要となる．あるいは言い換えると，結合の形成により結合解離エネルギー分の安定化が図られる．

後述する分子軌道法の考え方に基づくと，原子間の結合軸方向の軌道の重なりを **σ結合**（sigma bond），それに垂直な最大2組の軌道の重なりを **π結合**（pi bond），さらにd軌道間では横側からの重なりで **δ結合**（delta bond）が形成されることもある．数学的には二つの原子波動関数の線形結合により分子全体に広がる（全原子の軌道関数を項とする）分子軌道ができる．

図2.3 に説明を示すように，直交せずに位相の合ったエネルギー的に近い原子軌道どうしの相互作用により，**結合性軌道**（bonding orbital）（原子波動関数の足し算に相当）と**反結合性軌道**（antibonding orbital）（同引き算に相当）ができる．元の原子軌道では，電気陰性度が大きいほどエネルギー準位が低く表され，分子軌道のエネルギー的に近い**原子軌道**（atomic orbital）の性格をより強く帯びる．

カルボニル配位子の**一酸化炭素**（carbon oxide）COの分子軌道を**図2.4**で説明する．COは異核二分子原子なので，電気陰性度の大きい酸素原子 $(1s)^2(2s)^2(2p_x)^1(2p_y)^1$ は，電気陰性度の小さい炭素原子 $(1s)^2(2s)^2(2p_x)^1(2p_y)^1(2p_z)^1$ より軌道準位がやや低い．炭素とσやπの結合性軌道と反結合性軌道が形成

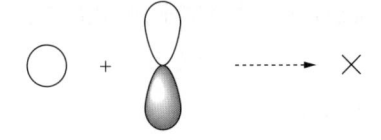

(a) s軌道とp軌道の有効な重なりができない場合（元の原子軌道と同じエネルギー準位の**非結合性軌道**（non-bonding orbital）となる）

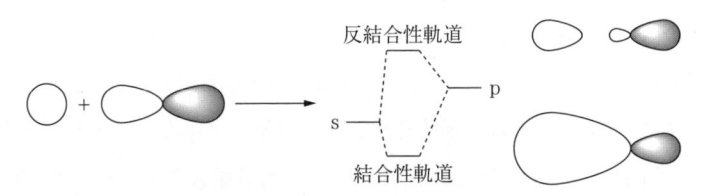

(b) s軌道とp軌道の相互作用により結合性軌道（s軌道性を帯びる）と反結合性軌道（p軌道性を帯びる）ができる場合

図2.3 直交せずに位相の合ったエネルギー的に近い原子軌道どうしの相互作用

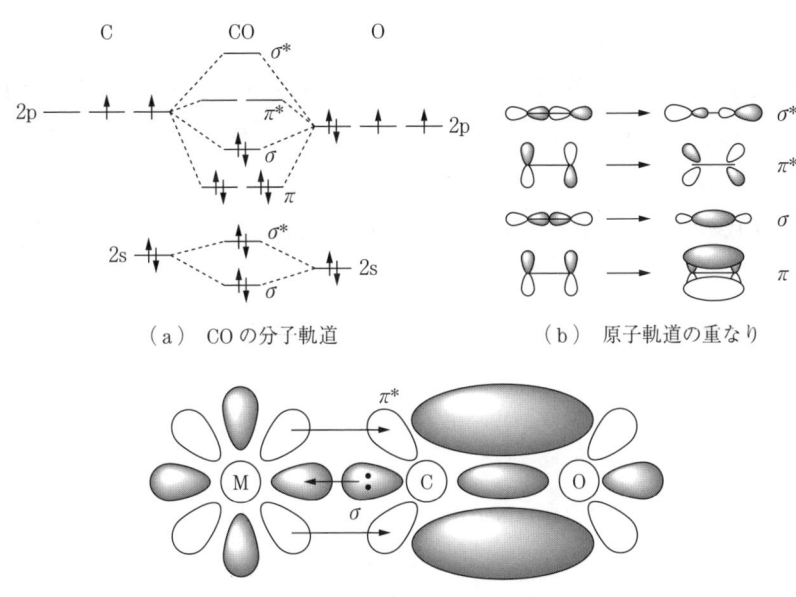

(a) COの分子軌道 　　　(b) 原子軌道の重なり

(c) カルボニル配位子のπ逆供与結合

図2.4 カルボニル配位子の一酸化炭素COの分子軌道

され，$(2s\sigma)^2(2s\sigma^*)^2(2p\pi)^4(2p\sigma)^2(2p\pi^*)^0(2p\sigma^*)^0$ のように分子軌道に電子が満たされる。COの結合次数は，$(6-0)/2=3$ で三重結合となる。O と N^- は価電子が四つなので CO と CN^- は，等電子的である。

ところで，有機金属錯体では，通常の配位結合として配位子の非共有電子対が σ 結合で金属に供与されると同時に，低酸化数の金属で電子の詰まった π 性の金属 d 軌道の電子が，空の配位子 π^* 軌道に逆供与される π 逆供与結合も形成される。これは CO の $(2p\pi^*)^0$ が金属からの電子対を受容して $(2p\pi^*)^2$ となることに相当する。このとき結合次数は二重結合とみなすことができる。

水素分子は，二つの水素原子 H_A と H_B が σ 型単結合する，最も単純な等核二原子分子である。電子配置が $(1s)^1$ である水素原子の原子軌道関数をそれぞれ ϕ_A，ϕ_B とすると，結合性軌道 Ψ_b と反結合性軌道 Ψ_a は，これらの線形結合として適当な係数 C_A，C_B を用いて表すことができ，両原子の2電子はエネルギー準位の低い分子軌道から順に $(\Psi_b)^2(\Psi_a)^0$ のように満たされる。

$$\Psi_b = C_A\phi_A + C_B\phi_B \tag{2.7}$$

$$\Psi_a = C_A\phi_A - C_B\phi_B \tag{2.8}$$

酸素分子では，電子配置が $(1s)^2(2s)^2(2p_x)^1(2p_y)^1(2p_z)^0$ である二つの酸素原子があり，結合軸方向の $2p_x$ 軌道が作る σ 分子軌道の方が，これに垂直な二つの $2p_y$ と $2p_z$ が作る二つの π 分子軌道エネルギー準位が等しくて低くなる。分子軌道は $(2s\sigma)^2(2s\sigma^*)^2(2p_x\sigma)^2(2p_y\pi)^1(2p_z\pi)^1(2p_z\pi^*)^0(2p_y\pi^*)^0(2p_x\sigma^*)^0$ の電子配置であり，$(6-2)/2=2$ となるから二重結合となる。酸素分子が**常磁性**（paramagnetism）であるのは，$(2p_y\pi)^1(2p_z\pi)^1$ の2電子が不対電子であるためである。

酸素分子から電子を増減させた化学種，O_2^{2+}，O_2^+，O_2，O_2^-，O_2^{2-} の結合次数は，それぞれ 1，1.5，2，1.5，1 となる。陽イオンは $(2p_x\sigma)^2(2p_y\pi)^1(2p_z\pi)^1$ 軌道にエネルギー準位の高い電子から取り除き，陰イオンはエネルギーの低い空きの $(2p_y\pi)^1(2p_z\pi)^1$（さらに加えるなら $(2p_z\pi^*)^0(2p_y\pi^*)^0(2p_x\sigma^*)^0$）軌道に電子を入れる。なお O_2^- は σ 供与性配位子となる。活性酸素などが配位子として金属タンパク質などに配位するとき，片側の酸素で配位する**エンドオン**（endon) と両側の酸素で配位する**サイドオン**（side-on）の様式がある。どの軌道のどの電子が結合に関与して，その結果酸素の結合次数はいくつとみなせるか，確認しておく必要がある。

窒素（nitrogen）分子では，電子配置が $(1s)^2(2s)^2(2p_x)^1(2p_y)^1(2p_z)^1$ である二つの窒素原子から分子軌道が形成される。$(2s\sigma)^2(2s\sigma^*)^2(2p_x\sigma)^2(2p_y\pi)^2(2p_z\pi)^2(2p_z\pi^*)^0(2p_y\pi^*)^0(2p_x\sigma^*)^0$ の電子配置であり，$(6-0)/2=3$ となるから三重結合となる。窒素分子を配位子として持つ窒素錯体が知られているが，不安定な化合物が多いことも，窒素分子の分子軌道や電子配置からも推測できる。ただし，CO や N_2 は σ と π 軌道のエネルギー準位が重なりのため逆転する例である。

2.2.3 共有結合（原子価結合法）

分子軌道法が，原子軌道の線形結合により分子全体に広がる分子軌道（結合性軌道と反結合性軌道）を考えるのに対して，原子価結合法は元の原子軌道に存在する電子が所属する原子軌道のありうる場合を足し算する線形結合を考える点で特徴がある。原子数が多いと分子軌道法が便利だが，つぎに述べる混成軌道は原子価結合法を基盤とすると，考えやすくなる。

再び電子配置が $(1s)^1$ の二つの水素原子 H_A と H_B が共有結合する水素分子を考える。水素原子がある距離以下にまで接近すると，最外殻電子雲，すなわち $(1s)^1$ どうしが重なりを持つ。すると共通部分を行き来できる電子の**交換**（exchange）が起こる。さらに同じ軌道（片側の原子）に同じ向きの電子は二つ入れないから，逆向きスピンによる安定化を図る。このようにして水素分子が形成すると考える。

重要なポイントは，電子には所属する（静電ポテンシャルの影響を受ける）原子が決まっている，つまりある程度**局在した**（localized）電子状態を考えることと，いくつかの状態の寄与（二つの原子間で二つの電子が交換する様子）を表現することである。水素原子 H_A に電子 1，水素原子 H_B に電子 2 が存在することを波動関数で $\Psi=\phi_A(1)\cdot\phi_B(2)$ と表すと，交換後は $\Psi=\phi_A(2)\cdot\phi_B(1)$ と

表せる。

両状態が**共鳴**（resonance）した水素分子の波動関数は，適切な係数 C_1, C_2 を用いてつぎのように記述する。

$$\Psi = C_1 \Psi_A(1) \cdot \Psi_B(2) + C_2 \Psi_A(2) \cdot \Psi_B(1) \tag{2.9}$$

$$\Psi = C_1 \Psi_A(1) \cdot \Psi_B(2) - C_2 \Psi_A(2) \cdot \Psi_B(1) \tag{2.10}$$

イオン結合性が強い場合，すなわち，どちらかの原子に電子が偏った存在確率を持つ場合には，共鳴した状態に重み α を掛けることで表現できる。ほかにも例えば HF 分子の場合，**分極**（polarization）した H^+F^- のイオン構造の寄与はつぎのように表せる。

$$\Psi = \Psi_{共有結合性} + \alpha \Psi_{イオン結合性} \tag{2.11}$$

$$\Psi_{イオン結合性} = \phi F 2p_z(1) + \phi F 2p_z(2) \tag{2.12}$$

2.2.4 sp 混成軌道

直線分子 $BeCl_2$ が sp 混成軌道の典型的な例である。最外殻軌道の混成が形成し，軌道の重なり最大で反発最小となる方向性の軌道ができるとする。数学的には，**混成軌道**（hybrization orbital）の波動関数は，原子軌道の波動関数の一次結合である。基底状態から**昇位**（promote）した**励起状態**（excited state）の電子が，混成に関与して，結合を形成する考え方をとる。

$_4$Be 基底状態　　$(1s)^2(2s)^2(2p_x)^0(2p_y)^0(2p_z)^0$

↓昇位

$_4$Be 励起状態　　$(1s)^2(2s)^1(2p_x)^1(2p_y)^0(2p_z)^0$

↓混成

$_4$Be sp 混成軌道　　$(1s)^2(sp)^2(2p_y)^0(2p_z)^0$

図2.5 に示すように，図形的に原子軌道の和を考えると，180°反対方向に広がりを持ち，直線分子となることが直感的に理解できる。これは波動関数の和と差の線形結合として考えても，同じような結論に達する。

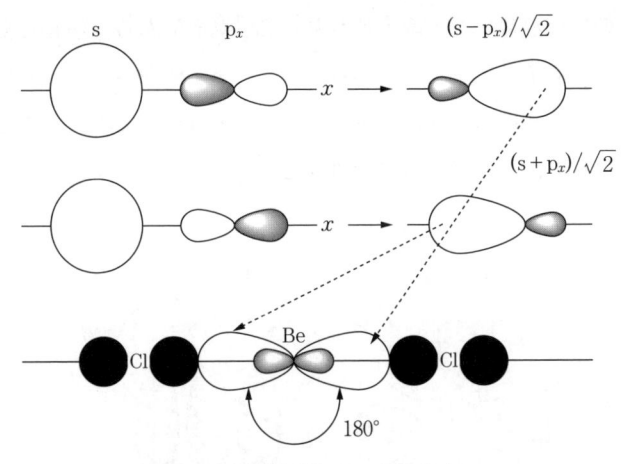

図 2.5 sp 混成軌道による直線分子 $BeCl_2$

2.2.5 sp^2 混成軌道

正三角形方向に結合を持つ，BF_3 のホウ素原子やエチレン $H_2C=CH_2$ の炭素原子が sp^2 混成軌道の典型例である．図形的には，$(sp^2)^3$ の軌道の広がりがたがいに 120° の角度を保ち，二つの C–H 結合と一つの C=C（隣接）結合を同一（この場合 xy）平面上に形成する．波動関数の線形結合では，球形の s 軌道と x，y 方向の p_x，p_y 軌道の和で確認される．

$_6$C 基底状態　$(1s)^2(2s)^2(2p_x)^1(2p_y)^1(2p_z)^0$

↓ 昇位

$_6$C 励起状態　$(1s)^2(2s)^1(2p_x)^1(2p_y)^1(2p_z)^1$

↓ 混成

$_6$C sp^2 混成軌道　$(1s)^2(sp^2)^3(2p_z)^1$

$$\Phi_a = \frac{s}{\sqrt{3}} + \sqrt{\frac{2}{3}}\, p_x \tag{2.13}$$

$$\Phi_b = \frac{s}{\sqrt{3}} - \frac{p_x}{\sqrt{6}} + \frac{p_y}{\sqrt{2}} \tag{2.14}$$

$$\Phi_c = \frac{s}{\sqrt{3}} - \frac{p_x}{\sqrt{6}} - \frac{p_y}{\sqrt{2}} \tag{2.15}$$

気になるのは，混成にせず取り残された $2p_z$ 軌道である．注目している炭素原子と隣接炭素原子と二重結合を作る．ここに電子が収容される6原子を含む平面と垂直方向に空席の $(2p_z)^0$ 軌道が向く．分子軌道法で考えた場合の電子供与性の π 結合性軌道と空の π 反結合性軌道と，解釈の違いを比べてみよう（**図 2.6**）．

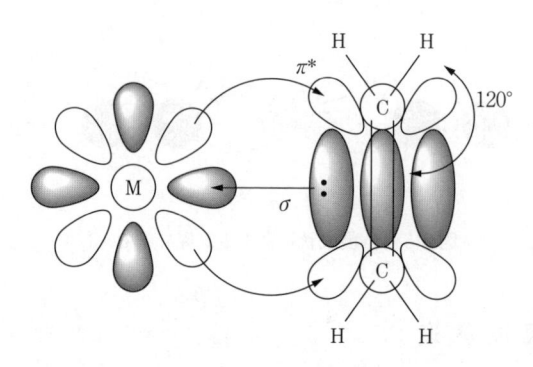

図 2.6 エチレンの π 結合

2.2.6 sp³ 混 成 軌 道

正四面体の頂点方向に結合を持つ**メタン**（methane）CH_4 の炭素原子が sp³ 混成軌道の典型例であるが，ここでは配位結合の説明に用いられるメタンと等電子的な**アンモニウムイオン**（ammonium ion）NH_4^+ と，金属錯体の配位子となる**水**（water）H_2O 分子を取り上げる．数学的に波動関数の線形結合では，球形の s 軌道と x, y, z 方向の p_x, p_y, p_z 軌道の和の係数から大きさが同じことと，符号から（すべて別で x, y, z 軸方向ではない）約 110°の角度を持つ正四面体の頂点方向に広がることが確認される．

$$\Phi_a = \frac{s + p_x + p_y + p_z}{2} \tag{2.16}$$

$$\Phi_b = \frac{s + p_x - p_y - p_z}{2} \tag{2.17}$$

$$\Phi_c = \frac{s - p_x - p_y + p_z}{2} \tag{2.18}$$

$$\Phi_d = \frac{s - p_x + p_y - p_z}{2} \tag{2.19}$$

混成に関与する電子が，メタンの $_6$C 基底状態と等電子的なアンモニウムイオンの NH_4^+ イオンは $(1s)^2(2s)^2(2p_x)^1(2p_y)^1(2p_z)^0$ が励起・昇位を経て sp^3 混成軌道 $(1s)^2(sp^3)^4$ となるのは，ほかの混成軌道と同様である．なお，水の酸素 $_8$O の場合には $(1s)^2(2s)^2(2p_x)^2(2p_y)^1(2p_z)^1$ が励起・昇位を経て sp^3 混成軌道 $(1s)^2(sp^3)^4$（細かく示せば $(1s)^2(sp^3)^2(sp^3)^2(sp^3)^1(sp^3)^1$）となるが，$(sp^3)^1$ の電子は水素 $_1H(1s)^1$ との共有結合で共有電子対となるのに対して，$(sp^3)^2$ の電子は非共有電子対として，金属イオンと錯体を作る際に配位結合に使われる．

図形的には，$(sp^3)^4$ の軌道の広がりなので，たがいに約 110° の角度を保つ「4 本の手」が存在するが，共有結合の実体がある（O-H）場合と，実体がなく非共有電子対だけがある（O：）場合，後者の方が空間的にかさ高いので，(sp^3 混成軌道の広がる方向で）結合角が若干大きくなる．これが**立体化学**（stereochemistry）の推定法として知られる，**電子対反発則**（valence shell electron pair repulsion rule，VSEPR）の基礎となっている．

2.2.7 多重結合

エチレン（C-C が二重結合）を扱ったので，エタン CH_3CH_3（C-C が単結合），アセチレン（C-C が三重結合），ベンゼン C_6H_6 といった炭化水素を中心に，多重結合について見直してみよう．分子軌道法でも述べたように，多重結合の結合次数は，結合次数＝（結合性軌道の電子数－反結合性軌道の電子数）/2 で求められる．エタンで見られる単結合は結合次数 1 で，σ 結合だけから成る．系統的に比較すると，結合次数の増大とともに，結合距離が短くなる．これは軌道の重なりが大きくなるためである．ただし，結合エネルギーも結合次数の増大とともに大きくなるが，結合次数に必ずしも比例するわけではない．また，単結合は自由に軸回転できるが，多重結合はほとんど回転できないので，二重結合に対してシス-トランス（*cis-trans*）幾何異性体が存在する場合がある．

エチレンでは，sp^2 混成の C 原子から平面三角形型に配置した二つの C-H 結合と C=C 結合があるが，二重結合のうち，一つは σ 結合で，もう一つは π 結合だが混成に使われなかった $2p_z$ 軌道の重なりでできるものである．

また，アセチレンでは，sp 混成の C 原子から直線型に配置した C-H 結合と C-C 三重結合があり，前者は sp 混成による σ 結合から成り，後者は sp 混成による σ 結合とたがいに直交する混成に使われなかった 2p 軌道の重なりによる二つの π 結合から成る．

ベンゼンは 12 個の原子が同一平面上にあり，正六角形構造では，やはり 120° の結合角を持つ sp^2 混成の炭素原子から，C-C（隣接）と C-H の σ 結合が 1 本ずつ，そして残り 1 個の混成に使われなかった p 電子が 6 個あるため，C-C（隣接）間を単結合と二重結合が交互に π 結合を作る．実際には非局在化エネルギー分だけ安定化されたケクレ式で表現される流動的なもので，C-C 結合長はエチレン 0.134 nm ＜ベンゼン 0.140 nm ＜エタン 0.154 nm と単結合と二重結合の中間的な値を示す．

ベンゼンの π 電子雲は，金属原子とも π 結合が可能で，サンドイッチ型化合物や η^6-$Co(C_6H_6)(CO)_3$ などの有機金属錯体の例（図 2.7）が知られている．

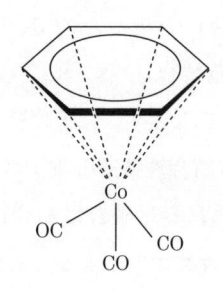

図 2.7　η^6-$Co(C_6H_6)(CO)_3$

2.3 錯体における結合

2.3.1 原子価結合法（混成軌道）

金属錯体の結合を説明するため，d軌道まで混成軌道の概念を拡張する（**表2.3**）。立体構造も混成に使用する軌道の空間的分布を足し合わせて，これまで通り予測できる。例えばdsp^2混成では，球対称のs軌道と，x軸とy軸方向にローブが広がる$d_{x^2-y^2}$軌道，そしてx軸またはy軸方向にローブが広がるp_x, p_y軌道の足し合わせなので，x軸とy軸方向に同じ大きさで広がる「正方形型」になる。sd^3混成では，同様に軌道の形を足し合わせて考えると，正四面体型（tetrahedral）になる。

表2.3 混成軌道と立体構造

混成軌道	使用する軌道	配位数	立体構造
sp, dp	$s + p_z$, $d_{x^2-y^2} + p_x$ など	2	直線型
sp^2	$s + p_x + p_y$	3	正三角形型
dsp^2	$d_{x^2-y^2} + s + p_x + p_y$	4	正方形型
sp^3	$s + p_x + p_y + p_z$	4	正四面体型
sd^3	$s + d_{xy} + d_{yz} + d_{zx}$	4	正四面体型
dsp^3	$d_{z^2} + s + p_x + p_y + p_z$	5	三角両錐型
d^2sp^3	$d_{x^2-y^2} + d_{z^2} + s + p_x + p_y + p_z$	6	正八面体型

六配位八面体型錯体 $[Cr(NH_3)_6]^{3+}$ をd^2sp^3混成軌道で考える。Cr^{3+}の3個の3d電子はフントの規則に従い，同じ向きのスピンで別々の軌道に入る。残り二つのd軌道と一つの4s軌道，そして三つの4p軌道の計6軌道が同じエネルギー準位のd^2sp^3混成軌道を作ると，2×6 = 12個の電子を収容できる。六つのアンミン配位子の計2×6 = 12個の電子はd^2sp^3混成軌道の中に入り，配位結合を作る。一般に不対電子を持つ（常磁性）物質は，磁場中で磁気を帯び磁気モーメントを示す。単位体積当りの磁気モーメントが測定される磁化の大きさであり，磁化の大きさと掛けた磁場の比をその物質の**磁化率**（magnetic susceptibility）という。ミクロな観点では，電子の自転によるスピン角運動量と軌道運動による軌道角運動量が，磁気モーメントの源となる。不対電子は3

個あるが，これは実験から求められる有効磁気モーメントの値（不対電子数 N に有効磁気モーメント $\mu=(N(N+2))^{1/2}\mu_B$，あるいは，$N=1$ について $S=1/2$ となるスピン量子数 S について $\mu=(4S(S+1))^{1/2}\mu_B$）と矛盾しない．しかし，この錯体の色（電子スペクトル）に関しては，原子価結合法の理論では説明ができない．

d^4 から d^7 の金属錯体の磁性には，**高スピン**（high spin）と**低スピン**（low spin）の状態がある．混成軌道から，予測される配位構造と（実験から求められる）不対電子数とスピン状態に矛盾がなければ，混成軌道で錯体の配位結合を説明したことになる．**表2.4** に例をいくつか示す．同じ Co^{3+} 錯体の d^2sp^3 混成でありながら，低スピンの ① は 3d 軌道，高スピンの ② は 4d 軌道を用いる点で異なる．前者を**内軌道錯体**，後者を**外軌道錯体**と呼ぶこともある．

表2.4 錯体の混成軌道（太線部）とスピン状態

錯体	電子状態 (不対電子数, μ/B.M.)	混成軌道	3d, 4s, 4p, 4d 軌道
$[Co(NH_3)_6]^{3+}$	$3d^6$ 低スピン (0, 0)	d^2sp^3	①
$[CoF_6]^{3-}$	$3d^6$ 高スピン (4, 4.90)	d^2sp^3	②
$[Ni(CN)_4]^{2-}$	$3d^8$ 低スピン (0, 0)	dsp^2	③
$[ZnCl_4]^{2-}$	$3d^{10}$ (0, 0)	sp^3	④

ところで，原子価結合法は，金属-金属結合や四重結合の説明にも有効である．例えば $[Cr(CO)_5]$ は，表2.4 の ① と似ており，$3d^6$ 電子配置の Cr(0) は三つ電子対を作り，d^2sp^2 混成軌道に $2\times 5=10$ 個の非共有電子対が入り配位結合

が完成する。同様に $[Mo(CO)_5]_2$ も考えると，片方の $[Mo(CO)_5]$ 部位は $3d^7$ 電子配置で Mn(0) は三つの電子対と一つの不対電子の収容に 3d 軌道を四つ使い，dsp^3 混成軌道に $2×5=10$ 個の非共有電子対が入り配位結合が完成する。しかし，四つ目の 3d 軌道には不対電子が入ったままなので，もう片方の $[Mo(CO)_5]$ 部位とペアを作り，不対電子を打ち消し合わせる。実験で求めた $[Mo(CO)_5]_2$ の有効磁気モーメントは，ほとんど 0 B.M. の反磁性であることが知られており，Mn-Mn 間が共有結合した複核錯体であることが矛盾なく説明される。

さらに，複核錯体 $[Re_2Cl_8]^{2-}$ についても考える。(いささか天下り的ではあるが) 実験事実として，反磁性で複核錯体，Re-Re 結合距離が短い，四つの Cl 原子が上下に重なり合う構造，であると知られている。片方の $[ReCl_4]$ 部位について $5d^4$ 電子配置の Re^{3+} の電子構造を考えると，四つの不対電子の収容に 5d 軌道を四つ使い，dsp^2 混成軌道に $2×4=8$ 個の非共有電子対が入り配位結合が完成する。もう片方の $[ReCl_4]$ 部位についても同様で，反磁性であるので，4 組の不対電子が複核となり打ち消し合うと考える。すると，Re-Re 間の結合 (z 軸) 方向に σ 結合 (d_{z^2} 軌道を使うとする)，これと垂直な 2 方向に二つの π 結合が形成される (d_{yz}, d_{zx} 軌道を使うとする)。残りは d_{xy} 軌道の四つ葉状のローブが重なり合う配置で δ 結合が形成され，Re-Re 四重結合は通常の結合距離より短いことも満足する解釈ができる。

しかし，もしも上下の $[ReCl_4]$ 部位が $45°$ ずれて重なり合う場合には，事情が異なる。両方の $[ReCl_4]$ 部位間で重なりを持てる d 軌道は，z 軸方向の d_{z^2} 軌道だけとなり，σ 結合 1 本だけの Re-Re 単結合となってしまう。この場合，d_{yz}, d_{zx}, d_{xy} 軌道に入っている三つの不対電子は複核構造でもペアを作って打ち消されない。したがって，片方の $[ReCl_4]$ 部位あたりで計算すると，$\mu = (N(N+2))^{1/2}\mu_B$ に $N=3$ を代入した 3.87 B.M. の有効磁気モーメントが期待される常磁性複核錯体となることが，原子価結合法の枠内で示される。

2.3.2 結晶場理論と配位子場理論

正電荷を持つ金属イオンの周りから，負電荷を持つ配位子（中性配位子の非共有電子対も負電荷とみなす）から静電相互作用を及ぼされると，配位子の方向にローブが広がる金属イオンのd軌道が反発されてエネルギー的に不安定化されると考えるのが結晶場理論である。配位子場理論は，共有結合性（π結合）の寄与を考慮したものである。

六配位八面体型（4.3節で述べる点群記号で対称性を表すと O_h）錯体の場合，原点に金属イオン，6個の配位子が x，y，z 軸の正・負の等距離にある。電子雲分布を球形の柔らかいボールのように考えることのできる，自由な金属イオン（図2.8(a)，左端）では，五つのd軌道は**縮重**（degenerate）している。その柔らかいボールにあらゆる方向から圧力がかかる状況から類推できるが，負電荷の接近に伴い，まず五つのd軌道全体が縮重したまま不安定化される（図2.8(a)，中央）。さらに，負電荷すなわち配位子が近づくと，その柔らかいボールに負電荷方向の局所的な圧力がかかる状況から類推できるが，その柔らかいボールが圧縮される負電荷方向の $d_{x^2-y^2}$ 軌道と d_{z^2} 軌道が不安定化され，二重縮重（e_g）したままエネルギー準位が高くなる。これに対して，負電荷すなわち配位子がない x，y，z 軸の間の方向に広がる d_{xy} 軌道，d_{yz} 軌道，d_{zx} 軌道は，重心が保たれるために，その柔らかいボールのふくらみから類推されるように相対的に安定化され，三重縮重（t_{2g}）したままエネルギー準位が低くなる。こうして，六配位八面体型錯体の配位子場分裂エネルギー Δ_O の大きさだけの**配位子場分裂**（ligand field splitting）をする（図2.8(a)，右

(a) 六配位八面体型錯体の配位子場分裂　　(b) 配位子の位置

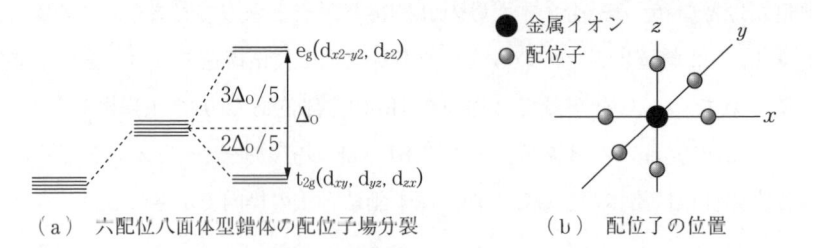

図2.8 六配位八面体型錯体の配位子場分裂と配位子の位置

端)。重心から不安定な二重縮重軌道のエネルギー差 X と,重心から安定な三重縮重軌道のエネルギー差 Y は,各軌道に 2 電子入るから

$$X + Y = \Delta_O \tag{2.20}$$
$$-6X + 4Y = \Delta_O \tag{2.21}$$

を連立して解いて,$X = 3\Delta_O/5$,$Y = 2\Delta_O/5$ となる(図 2.8)。なお,Δ_O を 10 Dq と表すこともある。

一方,四配位正四面体型(T_d)錯体の場合には,原点に金属イオンを置くと,x,y,z 軸と等距離で垂直な 6 面が作る立方体の互い違いの 4 頂点方向に 4 個の配位子があるとして扱える。今度は配位子場分裂の大きさを Δ_T として,d 軌道の配位子場による分裂を六配位八面体型錯体と同様のプロセスで考える。

やはり最初の状態では,五つの d 軌道は縮重している。負電荷が接近してくる四つの頂点の方向に広がる d_{xy} 軌道,d_{yz} 軌道,d_{zx} 軌道は静電反発を受け,三重縮重(t_2)したまま $2\Delta_T/5$ だけエネルギー準位が高くなる。これに対して,負電荷の存在しない方向に広がる $d_{x^2-y^2}$ 軌道と d_{z^2} 軌道は,重心が保たれるために,相対的に安定化され,二重縮重(e)したまま $3\Delta_T/5$ だけエネルギー準位が低くなる。したがって,四配位正四面体型錯体の場合には,六配位八面体型と上下が逆転したような分裂様式になる(**図 2.9**)。

(a) 四配位正四面体型錯体の配位子場分裂　　(b) 配位子の位置

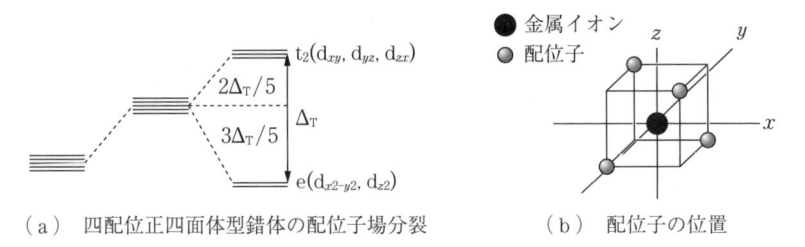

図 2.9 四配位正四面体型錯体の配位子場分裂と配位子の位置

四配位では六配位よりも静電反発の原因である配位子の数が少なく,配位子場分裂が小さくなるので,金属イオンや配位子が同じ条件だとすると,$\Delta_T = (4/9)\Delta_O$ と六配位八面体型(O_h)の約半分の配位子場分裂幅となる。なお,六配位八面体型のように中心対称性の O_h では縮重記号の群論の記号に g を付け

るが，四配位正四面体型のような非中心対称性の T_d では g を付けない点に注意すること．

さらに四配位**平面型**（planar）（D_{4h}）錯体の場合には，六配位八面体型（O_h）を基にして，対称性のさらに低下した配位子場分裂を考えればよい．x, y, z 軸上の六つの配位子のうち，z 軸上の二つの配位子が上下方向に少しだけ遠ざかると考える．すると z 軸方向に広がりを持つ金属 d 軌道との静電反発が弱くなるから，この方向に分布する d_{z^2} 軌道，d_{yz} 軌道，d_{zx} 軌道のエネルギー準位が安定化される．さらなる軌道分裂の際も重心が保たれるので，e_g 軌道から d_{z^2} 軌道が安定化され，$d_{x^2-y^2}$ 軌道が不安定化される分裂で縮重が解ける．t_{2g} 軌道からは，d_{yz} 軌道，d_{zx} 軌道が二重縮重したまま安定化され，$d_{x^2-y^2}$ 軌道だけが不安定化される分裂を示す（**図 2.10**）．

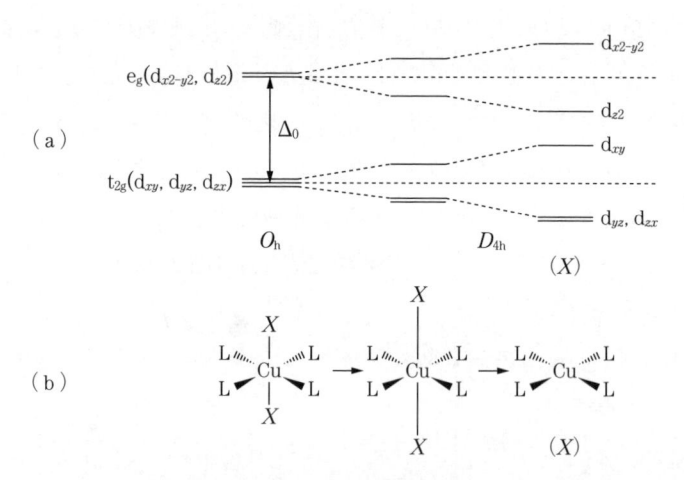

図 2.10 正方ひずみ六配位八面体型錯体や四配位平面型錯体の配位子場分裂

さらに無限遠まで遠ざかった極限が，四配位平面型の配位子場分裂と考えられる．しかし，d_{z^2} 軌道の安定化分が定量的にわからなければ，$d_{x^2-y^2} > d_{z^2} > d_{xy} > d_{yz}, d_{zx}$ か $d_{x^2-y^2} > d_{xy} > d_{z^2} > d_{yz}, d_{zx}$ か $d_{x^2-y^2} > d_{xy} > d_{yz}, d_{zx} > d_{z^2}$ かは，これだけではわからない．

六配位八面体型で e_g 軌道に奇数個の電子を持つ d^9，高スピン d^4，低スピン

d^7 電子配置で典型的に見られる**ヤーン・テラーひずみ**（Jahn-Teller distortion）は，電子的に縮重する軌道があるとき縮重を解く変形により安定化を図るものである。例えば，六配位八面体型 Cu(II) 錯体は $(t_{2g})^6(e_g)^3$ 電子配置であるが，$(t_{2g})^6(d_{z^2})^2(d_{x^2-y^2})^1$ と $(t_{2g})^6(d_{z^2})^1(d_{x^2-y^2})^2$ の状態が縮重している（図2.10（a），左端）。z 軸方向二つの配位子の結合距離が長い錯体となるのは，z 軸上の二つの配位子が上下方向に少しだけ遠ざかる場合に相当する。すると e_g 軌道の縮重は解けて d_{z^2} 軌道は安定化し，$d_{x^2-y^2}$ 軌道は不安定化する（図2.10（a），中央）。このとき $(t_{2g})^6(d_{z^2})^2(d_{x^2-y^2})^1$ 配置となり，**配位子場安定化エネルギー**（ligand field stabilization energy）と同様に，d_{z^2} 軌道，d_{yz} 軌道，d_{zx} 軌道のエネルギー安定化とそれらに入る電子数分だけ，正八面体型のときよりも錯体のエネルギー安定化が実現される。

金属錯体はさまざまな色を示す。d-d 遷移と呼ばれる機構では，配位子場分裂で生じたエネルギー準位の低い軌道から，エネルギーの高い軌道に，エネルギー差に相当する**波数**（wave number）（または逆数の関係にある**波長**（wavelength）で考えてもよい）の光を吸収することで電子が**遷移**（transition）する。吸収された光の補色（元の光が白色光なら吸収されなかった波長領域の光に相当する）が人間の目に見える色となる。

赤紫色の六配位八面体型錯体 $[Ti^{III}(H_2O)_6]^{3+}$（d^1 電子配置）を考える。エネルギー的に低い t_{2g} 軌道と高い e_g 軌道は，Δ_O の大きさで配位子場分裂している。$\Delta_O = \Delta E = h\nu$ より波数 $\nu = \Delta_O/h$（h はプランク定数）のエネルギーの光を吸収すると，t_{2g} 軌道から e_g 軌道に電子が励起され遷移する。つまり

$$(t_{2g})^1(e_g)^0 \rightarrow (t_{2g})^0(e_g)^1$$

となり，五つの d 軌道内での電子配置が光の吸収前後で変化する。

配位子場分裂の大きさ（六配位八面体型では Δ_O）は，金属イオン側が同じ条件でも，配位子の種類によって異なる。例えば $[Ni(H_2O)_6]^{2+}$ よりも $[Ni(en)_6]^{2+}$ の方が高波数（短波長）の光を吸収する。これは紫外-可視電子スペクトルの吸収極大波長のシフトで確認される。つまり，水配位子よりもエチレンジアミン配位子の方が，配位子場分裂させる能力が大きい。

大きな配位子場分裂させる順に配位子を並べたものを，**分光化学系列** (spectrochemical series) という。系列中上位の配位子であるほど，「強い」配位子場を作ると表現する。後述するように，配位子場分裂 Δ_O が大きく，これは π 受容性が強いためであり，結果として低スピン錯体を作りやすい傾向がある。

$CO \geqq CN^- > CH_3^- > NO_2^- > phen > bpy > NH_2OH > en > NH_3 \geqq py > CH_3CN > NCS^- > H^- > H_2O > ox_2^- > ONO^- \geqq OSO_3^{2-} \geqq OH^- \geqq CO_3^{2-} \geqq RCO_2^- > F^- > NO_3^- > Cl^- > SCN^- > S^{2-} > Br^- > I^-$

配位子場分裂して重心よりエネルギー準位が低く d 軌道に電子が入るほど，その電子数分だけ錯体は安定化され，逆ならばその電子数分だけ不安定化される。これが配位子場安定化エネルギーで，例えば六配位八面体型錯体が $(t_{2g})^a(e_g)^b$ 電子配置ならば $(2a-3b)\Delta_O/5 = (4a-6b)Dq$ だけ安定化される（**表2.5**）。打ち消し合うものの，t_{2g} 軌道にある過剰な電子が多くあるほど，安定となる。

表2.5　六配位八面体型錯体の電子配置と配位子場安定化エネルギー/Dq

d 電子数	高スピン	低スピン
0	$(t_{2g})^0(e_g)^0$ 0	
1	$(t_{2g})^1(e_g)^0$ 4	
2	$(t_{2g})^2(e_g)^0$ 8	
3	$(t_{2g})^3(e_g)^0$ 12	
4	$(t_{2g})^3(e_g)^1$ 6	$(t_{2g})^4(e_g)^0$ 16 + P
5	$(t_{2g})^3(e_g)^2$ 0	$(t_{2g})^5(e_g)^0$ 20 + $2P$
6	$(t_{2g})^4(e_g)^2$ 4 + P	$(t_{2g})^6(e_g)^0$ 24 + $3P$
7	$(t_{2g})^5(e_g)^2$ 8 + $2P$	$(t_{2g})^6(e_g)^1$ 18 + $3P$
8	$(t_{2g})^6(e_g)^2$ 12	
9	$(t_{2g})^6(e_g)^3$ 6	
10	$(t_{2g})^6(e_g)^4$ 0	

〔注〕　P はペアリングエネルギー（スピン対生成エネルギーとも呼ばれる。同じ d 軌道の空間内に電子スピンが逆向きの 2 電子を押し込むのに必要となる。）

d 電子数が 4 個から 7 個の場合は，不対電子が多い（全スピン量子数が高い）高スピン状態と，不対電子が少ない（なるべく電子対がペアになる）低スピン

状態をとりうる．配位子場理論によると，配位子場分裂の大きさ（Δ_O）がペアリングエネルギー P よりも大きい，すなわち，四つ目の電子を無理して高い e_g 軌道に入れるより，一つの t_{2g} 軌道内に 2 電子をスピン対を生成させて押し込めた方が，エネルギー的に有利ならば，低スピンをとる．

原子価結合論で比較した，内軌道錯体（低スピン，反磁性）$[Co(NH_3)_6]^{3+}$ と外軌道錯体（高スピン，不対電子 4 個）$[CoF_6]^{3-}$ は，配位子場理論では図 2.11 のように解釈される．F^- よりも NH_3 の配位子場は強く，$[CoF_6]^{3-}$ よりも $[Co(NH_3)_6]^{3+}$ は配位子場分裂 Δ_O が大きくなる．エネルギー 4 番目の電子を入れるときに，フントの規則に従おうとして，大きな Δ_O エネルギーを与えてまで高い e_g 軌道に電子を入れることは不利（NG）であり，（相対的に）P が必要となっても t_{2g} 軌道に逆向きスピンで電子対として入ることが選ばれる（OK）．こうして 6 個の d 電子を入れると，$[Co(NH_3)_6]^{3+}$ の低スピン状態が説明される．

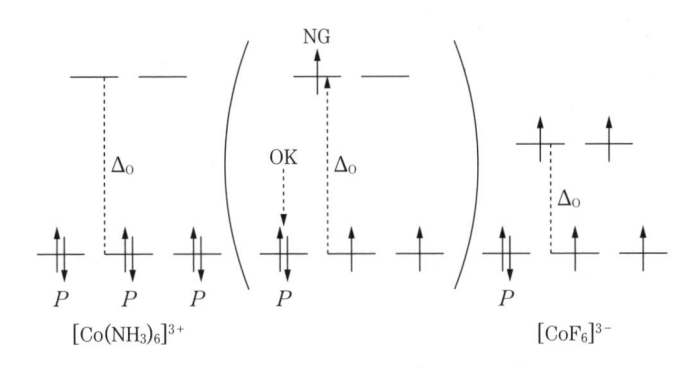

図 2.11　配位子場理論による低スピンと高スピンの説明

これに対して，$[CoF_6]^{3-}$ では，小さな Δ_O エネルギーで済むので，フントの規則に従って，4 番目の e_g 軌道に電子が入ることを，相対的に Δ_O より大きな P エネルギーが選ぶ．6 番目の電子ではもはや e_g に空きがなく，t_{2g} 軌道の電子対にならざるをえず，不対電子が四つの高スピン d^6 配置となる．

ある配位子の配位子場が強くなる理由は，π 軌道（電子雲の膨張）なども関与しており，配位子場理論の枠組みの中だけでは，適切な議論ができない．

2.3.3 分子軌道法

金属イオンと配位子の間の配位結合についても，分子軌道法を用いると，位相や対称性が合う軌道（金属の原子軌道あるいは配位子原子団の群軌道）の重なりを基にして，結合性軌道・反結合性軌道・非結合性軌道が生成することや，結合軸方向のσ結合とそれと垂直なπ結合を区別して議論できる。分子軌道法は，数学的には波動関数の線形結合を考えるから，多原子分子にも有効である。

六配位八面体型（O_h）錯体の場合，金属および配位子の軌道対称性（**既約表現**（irreducible representation））は**図2.12**のようになる。**対称適合線形結合**（symmetry-adapted linear combinations）では，金属イオン・配位子の対称性の同じ軌道が結合性軌道・反結合性軌道を作り，同じ対称性の軌道がなければ非結合性軌道となる。元の金属イオンや配位子の電子数だけ，エネルギー準

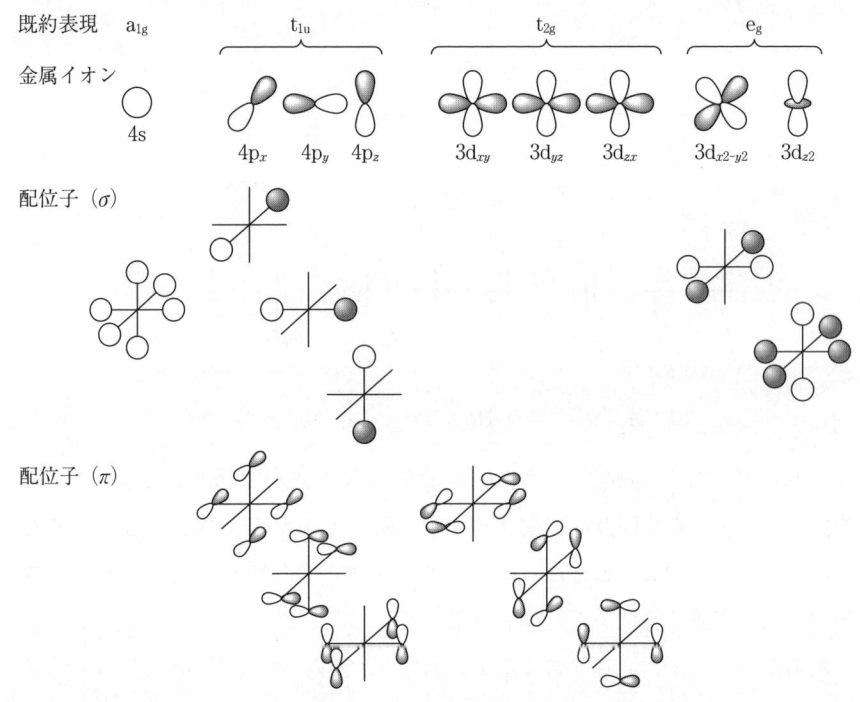

既約表現	a_{1g}	t_{1u}			t_{2g}			e_g	
金属イオン	4s	$4p_x$	$4p_y$	$4p_z$	$3d_{xy}$	$3d_{yz}$	$3d_{zx}$	$3d_{x^2-y^2}$	$3d_{z^2}$

配位子（σ）

配位子（π）

図2.12 O_h対称での軌道対称性（同じ既約表現のものが対称適合線形結合する）

位の低い分子軌道から順に，対になるよう電子が満たされていく．

六配位八面体型（O_h）錯体の低スピン錯体 $[\mathrm{Co(NH_3)_6}]^{3+}$ は，σ 供与性の非共有電子対だけを持つアンミン配位子から成る．図 2.12 の金属イオンの 3d, 4s, 4p 軌道と σ 性だけの配位子軌道の対称適合線形結合によって分子軌道を形成できる（図 2.13）．配位子には同じ t_{2g} 対称性の軌道がないので，t_{2g} 軌道は非結合性軌道で元の金属と同じエネルギー準位を保つ点に注意すること．Co^{3+} の 6 電子と配位子の 6 電子対由来の 18 個の電子をエネルギー準位の低い順に詰めてゆくと，錯体の電子状態を説明できる．

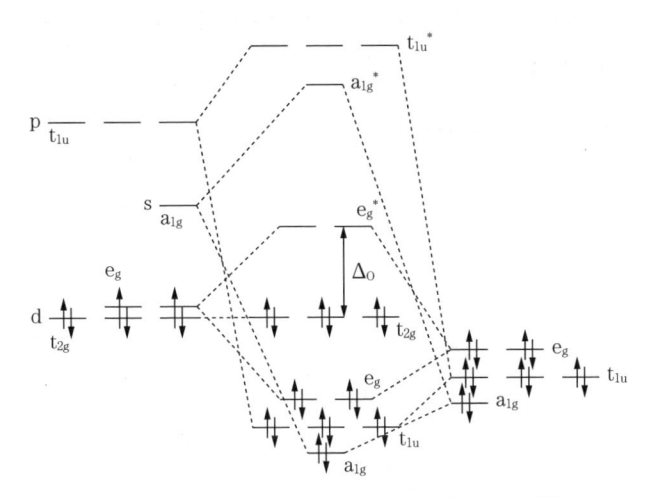

図 2.13 σ 供与性配位子を持つ低スピン錯体 $[\mathrm{Co(NH_3)_6}]^{3+}$ (O_h) の分子軌道

配位子場理論における配位子場分裂 Δ_O は，分子軌道法では非結合性軌道 t_{2g} と反結合性軌道 e_g^* との間のエネルギー差に相当する．ここでは σ 供与性配位子を考えているので，非結合性 t_{2g} 軌道のエネルギーは一定だから，配位子場の強さは，配位子の σ 性（e_g）軌道の重なりの大きさに依存する．

さて，カルボニル CO 配位子のような，π 軌道を含む錯体の分子軌道についても考える．実験事実に矛盾しないこととしては，**π 受容性**（pi-accepting）配位子は，金属の d 電子が空の π^* 軌道へ π 逆供与することで安定な金属-炭素

結合を形成し，配位子場分裂 Δ_O を大きくする。一方，**π 供与性**（pi-donating）配位子では，逆の傾向を示すと考えられる。

分子軌道法で異核二原子分子を扱う際には，電気陰性度の高い（電子を引き付けやすい）原子軌道のエネルギー準位を低いとして表した。電気陰性度と同様に，電子のある π 供与性配位子では結合に関与する配位子軌道のエネルギー準位が低くなり，空の π 受容性配位子で高くすると扱える。

対称適合の観点では dπ-pπ 軌道に関与する配位子 t_{2g} 軌道のエネルギー準位に着目する。配位子場分裂 Δ_O を左右する e_g^* 軌道のエネルギー準位を一定基準として，π 供与性と π 受容性配位子の相対的な Δ_O のエネルギーの大小を比較して示す（**図 2.14**）。

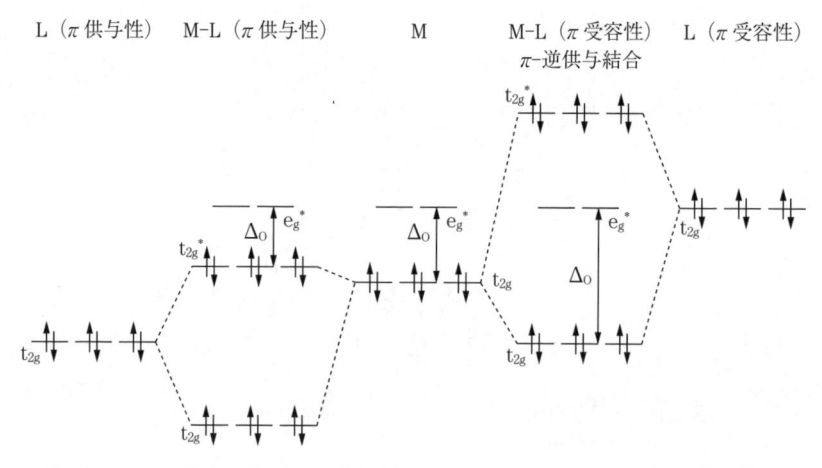

図 2.14 π 供与性配位子と π 受容性配位子の違い（O_h 錯体の分子軌道）の模式図

2.3.4 角重なりモデル

金属−配位子間の結合は，軌道の相互作用（の大きさ）で説明することができる。同じ供与性結合でも σ 結合性と π 結合性では，一般に σ 結合性の寄与が大きい。σ 結合では結合軸方向で軌道の広がりどうしが大きな重なりを持つのに対して，π 結合は軌道の広がりの横側から重なるためにかろうじて小さく重なるためである。

これまでは六配位八面体型のように対称性の高い錯体をほとんど扱ってきたが，現実の化合物では，低い対称性や配位構造にひずみ（配位結合の角度が変化する）のために，金属-配位子間の軌道の重なりが小さくなるといった，軌道の相互作用（金属-配位子間の重なり積分の大きさに依存した安定化される分子軌道エネルギー）の角度依存性を考慮しなければならない場合もある（図2.15）。

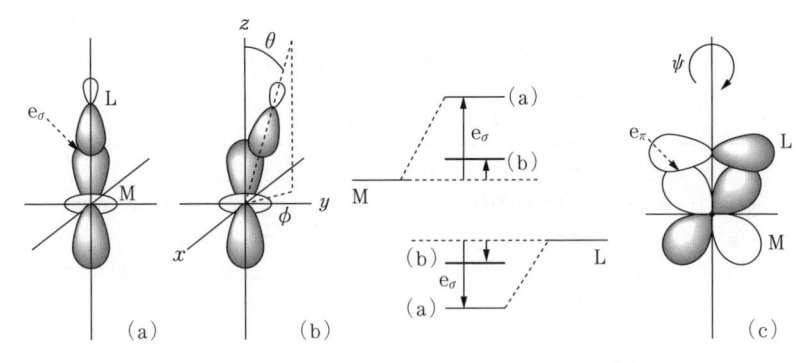

図2.15 AOMにおける軌道の相互作用や角度依存性

そこで，金属-配位子間の結合は，軌道の相互作用のσ, π性を区別して，角度依存性を記述できる，**角重なりモデル**（angular overlap model, AOM）が提案された。図2.15（a）のようにσ結合の軌道相互作用をe_σパラメーターで記述する。図2.15（b）のように配位子の位置を極座標(θ, ϕ)で表せば，角度依存性による軌道の重なりが小さくなる（b）と，まっすぐから最大に重なる（a）では分子軌道の安定化の大きさに違いができる。また，図2.15（c）のようにπ結合の軌道相互作用はe_πパラメーターで記述できる。金属-配位子の結合軸周りのねじれ回転角（ψ）を考えると，ローブが同一平面上から垂直になるまでの軌道相互作用の角度依存性があることがわかる。

e_σパラメーターとe_πパラメーターの大きさは，σ, π結合性を区別した配位子場の強さとなる物理的意味がある。供与性のe_σパラメーターは大きな正の値を持つが，e_πパラメーターはπ供与性ではe_σパラメーターより絶対値が小さい正の値を，そしてπ受容性では負の値を持つ。配位子場が強い配位子は

弱い配位子よりも e_σ や e_π パラメーターは大きくなる．なお，同じ配位子でも圧力変化などで金属-配位子間の結合距離が短くなれば，そのときの e_σ や e_σ パラメーターは大きくなる．

五つある d 軌道のそれぞれのエネルギー準位 ΔE は，いくつかある配位子の強さ e (e_σ や e_π パラメーター) と，軌道の重なりの大きさの角度依存性を表す角関数 $F(\theta, \phi, \psi)$ を用いると，$\Delta E = eF^2$ のように記述できる．e パラメーターは金属軌道と配位子軌道の分子軌道のエネルギー安定化を重なり積分を考慮して表現している．角関数 $F(\theta, \phi, \psi)$ の例を**表 2.6** にまとめる．

表 2.6 角関数 $F(\theta, \phi, \psi)$ の例

$\mathbf{d}_{**}$	$F\sigma(\mathbf{d}_{**}, L(\theta, \phi, \psi))$	$F\pi_y(\mathbf{d}_{**}, L(\theta, \phi, \psi))$
$d_{x^2-y^2}$	$\sqrt{3/4}\cos 2\phi(1-\cos 2\theta)$	$-\sin 2\phi \sin\theta \cos\psi - 1/2 \cos 2\phi \sin 2\theta \sin\psi$
d_{z^2}	$1/4(1+3\cos 2\theta)$	$\sqrt{3/2}\sin 2\theta \sin\phi$
d_{xy}	$\sqrt{3/4}\sin 2\phi(1-\cos 2\theta)$	$\cos 2\phi \sin\theta\cos\psi - 1/2 \sin 2\phi \sin 2\theta \sin\psi$
d_{xz}	$\sqrt{3/2}\cos\phi\sin 2\theta$	$-\sin 2\phi \cos\theta\cos\psi - \cos\phi \cos 2\theta \sin\psi$
d_{yz}	$\sqrt{3/2}\sin\phi\sin 2\theta$	$\cos\phi \cos\theta \cos\psi - \sin\phi \cos 2\theta \sin\psi$

配位子場理論や分子軌道法との比較のために，配位子が六配位八面体型，四配位平面型，四配位正四面体型の位置に存在する，対称性が高い典型的な場合を AOM で扱うことにする．角関数 $F(\theta, \phi, \psi)$ は簡単になり，五つある d 軌道のそれぞれの軌道の相互作用の大きさは数で表せる (**表 2.7**)．電子スペクトル解析で決める経験的数値を代入せずに，e_σ や e_π はパラメーターのまま考える．

六配位八面体型 (O_h) の σ 配位子錯体 $[Co(NH_3)_6]^{3+}$ の場合に，$d_{x^2-y^2}$ 軌道，d_{z^2} 軌道，ほかの三つの d 軌道と六つの配位子との相互作用を見積もると，順に

$$d_{x^2-y^2}\text{軌道}: 1e_\sigma + \frac{1}{4}e_\sigma + \frac{1}{4}e_\sigma + \frac{1}{4}e_\sigma + \frac{1}{4}e_\sigma + 1e_\sigma = 3e_\sigma \quad (2.22)$$

$$d_{z^2}\text{軌道}: 0e_\sigma + \frac{3}{4}e_\sigma + \frac{3}{4}e_\sigma + \frac{3}{4}e_\sigma + \frac{3}{4}e_\sigma + 0e_\sigma = 3e_\sigma \quad (2.23)$$

ほかの 3 軌道：$4(1e_\pi) + 2(0e_\pi) = 4e_\pi$ となるから，t_{2g}，e_g 軌道の縮重と，$\Delta_O =$

表 2.7 AOM での x, y, z 軸上 $\pm a$ にある配位子の d 軌道との相互作用の大きさ(σ 結合と π 結合)。位置 $1 \sim 6$ は正八面体の頂点($2 \sim 5$ だけなら平面型),$7 \sim 10$ は正四面体の 4 頂点。

(a) σ 結合

	d_{x2-y2}	d_{z2}	d_{xz}	d_{yz}	d_{xy}
1(0, 0, a)	1	0	0	0	0
2(a, 0, 0)	1/4	3/4	0	0	0
3(0, a, 0)	1/4	3/4	0	0	0
4(−a, 0, 0)	1/4	3/4	0	0	0
5(0, −a, 0)	1/4	3/4	0	0	0
6(0, 0, −a)	1	0	0	0	0
7	0	0	1/3	1/3	1/3
8	0	0	1/3	1/3	1/3
9	0	0	1/3	1/3	1/3
10	0	0	1/3	1/3	1/3

(b) π 結合

	d_{x2-y2}	d_{z2}	d_{xz}	d_{yz}	d_{xy}
1(0, 0, a)	0	0	1	1	0
2(a, 0, 0)	0	0	1	0	1
3(0, a, 0)	0	0	0	1	1
4(−a, 0, 0)	0	0	1	0	1
5(0, −a, 0)	0	0	0	1	1
6(0, 0, −a)	0	0	1	1	0
7	2/3	2/3	2/9	2/9	2/9
8	2/3	2/3	2/9	2/9	2/9
9	2/3	2/3	2/9	2/9	2/9
10	2/3	2/3	2/9	2/9	2/9

$3e_\sigma - 4e_\pi$ であることが示される。

四配位平面型錯体の各 d 軌道のエネルギー準位を AOM で見積もると,位置 $2 \sim 5$ の配位子の寄与を加えればよいから,エネルギーは順に

$$d_{x2-y2} 軌道:\frac{1}{4}e_\sigma + \frac{1}{4}e_\sigma + \frac{1}{4}e_\sigma + \frac{1}{4}e_\sigma = e_\sigma \tag{2.24}$$

$$d_{z2} 軌道:\frac{3}{4}e_\sigma + \frac{3}{4}e_\sigma + \frac{3}{4}e_\sigma + \frac{3}{4}e_\sigma = 3e_\sigma \tag{2.25}$$

$$d_{xz}, d_{yz} 軌道:1e_\pi + 0e_\pi + 1e_\pi + 0e_\pi = 2e_\pi \tag{2.26}$$

$$d_{xy} 軌道:1e_\pi + 1e_\pi + 1e_\pi + 1e_\pi = 4e_\pi \tag{2.27}$$

となる。定性的には $d_{x2-y2} > d_{z2} > d_{xy} > d_{xz}, d_{yz}$(縮重)となるから,やはり図

2.9（a）右端のような分裂様式になるが，配位子の σ，π 結合性を区別した定量的な議論ができる分だけ深まっている。

ところで，四配位正四面体型（T_d）錯体の各 d 軌道のエネルギー準位を AOM で見積もるには，対称な位置 7 ～ 10 にある四つの配位子の寄与を同様に加える。

$$d_{x2-y2}, d_{z2}(e) 軌道：4 \times 0 e_\sigma + 4\left(\frac{2}{3} e_\pi\right) = \frac{8}{3} e_\pi \tag{2.28}$$

$$d_{xz}, d_{yz}, d_{yz}(t_2) 軌道：4\left(\frac{1}{3} e_\sigma\right) + 4\left(\frac{2}{9} e_\pi\right) = \frac{4}{3} e_\sigma + \frac{8}{9} e_\pi \tag{2.29}$$

となるから，配位子場分裂エネルギーは，t_2 軌道と e 軌道のエネルギー差なので

$$\Delta_T = \left(\frac{4}{3} e_\sigma + \frac{8}{9} e_\pi\right) - \frac{8}{3} e_\pi \tag{2.30}$$

となる。

引き続き，この数式をつぎのように変形してみる。

$$\Delta_T = \left(\frac{4}{3} e_\sigma + \frac{8}{9} e_\pi\right) - \frac{8}{3} e_\pi = \frac{4}{3} e_\sigma - \frac{16}{9} e_\pi = \frac{4}{9}(3 e_\sigma - 4 e_\pi) = \frac{4}{9} \Delta_O \tag{2.31}$$

これによって，配位子場理論では説明しにくかった，$\Delta_T = (4/9)\Delta_O$ の関係を，e_σ や e_π といった AOM パラメーターを使って示すことができる。

四配位錯体が平面型と正四面体型のどちらが安定かを議論するときには，同じ金属イオンに対して，同じ配位子では e_σ や e_π の AOM パラメーターを同じ値とする仮定，いわば**転用可能性**（transferability）が成り立つならば，その角度依存性（角関数の値の差）で配位構造変化を取り扱う AOM の枠組みならば，より確からしく予測することが可能となる。

六配位八面体型（O_h）錯体で高・低スピンのいずれが望ましいかを議論するときにも，Δ_O の大きさをそれぞれの配位子について経験的に求められる，e_σ や e_π の AOM パラメーターで，その電子配置におけるエネルギー（エネルギーと電子数）の計算に使うことができるので，配位子場理論より信頼性が増す。

引用・参考文献

- 乾 利成, 中原昭次, 山内 脩, 吉川要三郎：改訂　化学, 化学同人（1980）
- 水町邦彦, 福田 豊：プログラム学習　錯体化学, 講談社サイエンティフィク（1991）
- 山崎一雄, 吉川雄三, 池田龍一, 中村大雄：錯体化学（改訂版）, 裳華房（1993）
- 松林玄悦, 黒沢英夫, 芳賀正明, 松下隆之：錯体・有機金属の化学, 丸善（2003）
- F.A.Cotton：Chemical Applications of Group Theory, 3rd Edition, Wiley-Interscience（1990）
- Brian N. Figgis, Michael A. Hitchman：Ligand Field Theory and Its Applications, Wiley-VCH（1999）

3 錯体の反応

　錯体（金属錯体）は固体として得られるもの（錯体結晶），溶液中で得られるもの，溶液中でしか得られないもの（溶存錯体）などと多彩であるが，錯体の反応のほとんどは溶液中で起こる。これらの反応には中心金属，配位子，およびそれらによる配位結合などが関与している。特に重要な錯体の反応として，**置換反応**（substitution reaction）と**電子移動反応**（electron transfer reaction）（あるいは**酸化還元反応**（redox reaction））がある。

　置換反応は**金属イオン**（M^{n+}, metal ion）に対して配位子となる溶媒分子が競争的に働き，配位子すなわち溶媒分子の付加（あるいは侵入†）と脱離が生じる。特に，金属イオンの種類により**置換活性**（labile）なものと**置換不活性**（inert）なものがある。また，この反応は式 (3.1) に示すように m 個の配位子 L が同時に置換されるのではなく，段階的に1個ずつ置換される多段の平衡反応である。

$$[ML_m]^{n+} + mL' \rightleftharpoons [ML'_m]^{n+} + mL \tag{3.1}$$

　電子移動反応と酸化還元反応は表裏の関係にあり，どちらも金属錯体の異なる酸化還元状態間における反応ではあるが，電子から見た場合を電子移動反応といい，物質から見た場合を酸化還元反応という。そのため，電子移動反応においては**電子供与体**（電子ドナー（electron donor），電子を出すもの，D）および**電子受容体**（電子アクセプター（electron acceptor），電子を受け取るもの，A）と呼び，酸化還元反応においては**還元剤**（reductant，電子を出すもの）および**酸化剤**（oxidant，電子を受け取るもの）と呼ぶ。また酸化還元反応の結果として，金属イオンの酸化数により置換活性なものと置換不活性なものが生じる。例えば，式 (3.2) のように，酸化還元反応と置換活性・不活性の関係において，ある種の金属錯体を単離することも可能となる。

---

† 置換反応において，新たに入ってくる配位子を**侵入基**（entering group），およびそれにより置換される配位子を**脱離基**（leaving group）ともいうので，付加と脱離の関係と同様に，侵入と脱離の関係として併記した。

$$\left.\begin{array}{l}[\mathrm{MA}_m]^{n+}\langle 置換活性\rangle + m\mathrm{B} \longrightarrow [\mathrm{MB}_m]^{n+} \\ [\mathrm{MB}_m]^{n+} \longrightarrow (酸化還元反応) \longrightarrow [\mathrm{MB}_m]^{(n+a)+}\langle 置換不活性\rangle \\ ((n+a)+ は n+ に対する酸化数の変化を示す) \\ \qquad\qquad\qquad\qquad\rightarrow 「単離」 \end{array}\right\} \quad (3.2)$$

ここでは,まず金属イオンを水に入れたときの現象である金属イオンの水溶液中での反応,そして錯体反応の各論として重要な配位子置換反応と電子移動反応(あるいは酸化還元反応)を中心に,その他の錯体の反応,配位子の反応なども含め説明する。

3.1 金属イオンの水溶液中での反応

一般に単独の(自由な)金属イオンは気体状態においてのみ存在し,ほとんどの溶液中においては溶媒和される。例えば,水溶液中の金属イオンには,水分子(H_2O,**水和イオン**(hydrated ion あるいは aquo-ion)あるいは**アクアイオン**(aqua ion))がほぼ配位している(式 (3.3))。金属イオンの周りに存在する水分子の数は立体化学的な**配位数**(coordination number)より,4~6(あるいは 8)程度である(希土類金属イオンにおいて 8 である)。すなわち,この反応が最も単純な錯体の形成反応にほかならない。

$$M^{n+} + m\mathrm{H}_2\mathrm{O} \rightleftharpoons [\mathrm{M}(\mathrm{H}_2\mathrm{O})_m]^{n+} \qquad (3.3)$$

金属イオンに配位した水分子は,普通の水溶液 pH の範囲においてプロトン(proton(あるいは水素イオン),H^+)を容易に解離し,式 (3.4) のように $[\mathrm{M}(\mathrm{H}_2\mathrm{O})_{m-1}(\mathrm{OH})]^{(m-1)+}$ を生成し,水溶液は弱酸性を示す。

$$[\mathrm{M}(\mathrm{H}_2\mathrm{O})_m]^{n+} + \mathrm{H}_2\mathrm{O} \rightleftharpoons [\mathrm{M}(\mathrm{H}_2\mathrm{O})_{m-1}(\mathrm{OH}^-)]^{(n-1)+} + \mathrm{H}_3\mathrm{O}^+ \qquad (3.4)$$

$[\mathrm{M}(\mathrm{H}_2\mathrm{O})_{m-1}(\mathrm{OH}^-)]^{(n-1)+}$ は OH^- の強い塩基性により他の配位子との錯形成能が低下するので,pH が高い水溶液中においては(後述する安定度定数から期待されるよりも)他の配位子との錯形成能が低くなる。また,pH が低い領域においては他の配位子にプロトンが付加して錯形成に利用される配位原子に対して起こること,さらにプロトン付加により配位子の塩基性も低下することなどにより錯形成能も低くなる。

つぎに金属イオンと配位した水分子は，式 (3.5) のように溶媒としての水分子（*H_2O，**バルク水**（bulk water）という）とつねに交換している。配位した水分子と溶媒としての水分子の交換反応は同位体標識法を用いて測定する（例えば溶媒としての水分子である*H_2O を $H_2^{17}O$ にして用いた核磁気共鳴法がある）。一般に，錯体内の配位子が他の配位子と置き変わる反応を**置換反応**という。すなわち，この反応が最も単純な錯体の配位子置換反応である。

$$[M(H_2O)_m]^{n+} + {}^*H_2O \rightleftarrows [M(H_2O)_{m-1}({}^*H_2O)]^{n+} + H_2O \tag{3.5}$$

さまざまな遷移金属イオンの酸化数による配位した水分子の**交換反応速度**

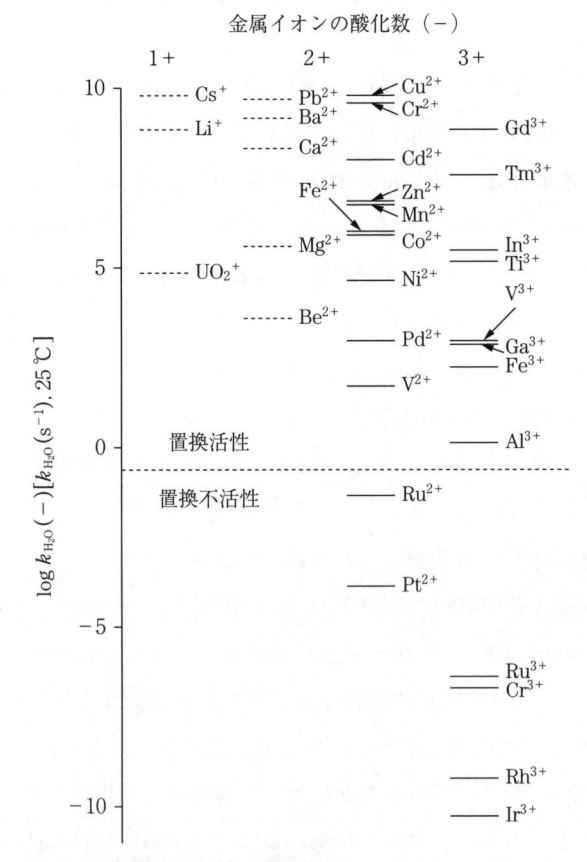

図 3.1 遷移金属イオンの酸化数による配位した水分子の交換反応速度（k_{H_2O}）

(**交換反応速度定数**, k_{H_2O} として表記) を図 3.1 に示す。この図でわかるように交換反応速度が広範囲にわたっており，金属イオン，その酸化数などにより大きく異なることが理解できる。交換反応速度定数 (k_{H_2O}) の大小により，(1) 交換反応速度定数が 10^8 s^{-1} 以上の極大 (水分子の拡散速度と同程度) である金属イオン，(2) 交換反応速度定数が $10^4 \sim 10^8 \text{ s}^{-1}$ である金属イオン，(3) 交換反応速度定数が $1 \sim 10^4 \text{ s}^{-1}$ である金属イオンおよび (4) 交換反応速度定数が 1 s^{-1} 以下の極小の金属イオンに分類できる。例えば，図 3.1 において交換反応速度が速い Cr^{2+} イオンの反応は 1 ns 以下の時間で終了するのに対し，遅い Cr^{3+} イオンの反応においては数 day の時間を要する。特に 1952 年，タウビ (H. Taube) は 25℃ において金属イオンと配位子を混合 (濃度が 0.1 mol/l) して反応が 1 min 以内に終了するときの金属イオン (上記のほぼ (1) 〜 (3)) を置換活性およびそれよりも遅い場合 (上記のほぼ (4)) を置換不活性と分類している (図 3.1 の破線が置換活性と置換不活性の境界)。

このように，金属イオンの水溶液中での反応は，錯体の形成反応，置換反応などの基礎をなすべきものであり，非常に興味深いものである。

3.2　錯体の置換反応

ヘキサアンミンコバルト(Ⅲ) ($[Co(NH_3)_6]^{3+}$) などを「安定な錯イオン」，ヘキサアクアコバルト(Ⅱ) ($[Co(H_2O)_6]^{2+}$) などを「不安定な錯イオン」ということがあるが，安定と不安定という表現は曖昧さを含んでおり明瞭に区別できない。そのため，錯体の安定性・不安定性，さらには置換不活性・置換活性を明確に示す指標が重要となる。ここでは錯体の置換反応において重要な熱力学的な観点からの錯体の安定度定数，それを決定する要因，置換反応機構，立体化学的な立場からの置換反応などについて述べる。

3.2.1　錯体の安定度定数

溶液中で金属イオン M と配位子 L から錯体 ML を生成する反応，平衡定数

および熱力学パラメーターは式 (3.6) 〜 (3.9) のように表される[†1]。

$$M + L \xrightleftharpoons{K} ML \tag{3.6}$$

$$K = \frac{[ML]}{[M][L]} \tag{3.7}$$

$$\Delta G = -RT \ln K \tag{3.8}^{†2}$$

$$\Delta G = \Delta H - T\Delta S \tag{3.9}$$

ここで，K：平衡定数，ΔG：ギブズ（あるいはギブス）（Gibbs）の自由エネルギー変化，ΔH：エンタルピー変化，ΔS：エントロピー変化，R：気体定数，T：絶対温度である。

錯体化学においては，式 (3.7) の平衡定数（K）は**安定度定数**（stability constant）あるいは**生成定数**（formation constant）や**錯形成定数**（complexation constant）と呼ばれ，水溶液中における配位子の錯形成の程度を表す量であり，錯体の熱的（さらには熱力学的）な安定性を示す尺度となる。

前項のように水溶液中の金属イオンはほぼ水分子と配位しているので（式 (3.3)），式 (3.6) は式 (3.5) を拡張した反応式で，配位している水分子を配位子 L で置換する配位子置換反応である式 (3.10) に対応する。しかしながら，水溶液中における金属イオンおよび錯体に配位している水分子（配位水）は省略するのが一般的であり，式 (3.10) は式 (3.6) のように示される。また，反応に関与する水分子濃度 [H_2O] は希薄溶液では大過剰であり一定とみなせるので，一般的に式 (3.11) の平衡定数 K' ではなく，式 (3.7) の平衡定数 K が用いられる（K と K' の関係は式 (3.12) の通りである）。

$$M(H_2O)_m + L \xrightleftharpoons{K'} ML(H_2O)_{m-1} + H_2O \tag{3.10}$$

$$K' = \frac{[ML(H_2O)_{m-1}][H_2O]}{[M(H_2O)_m][L]} \tag{3.11}$$

[†1] 一般に金属イオンは M^{n+} と表記されているが，ここでは表記を簡略化するために M とする。配位子の標記も簡略化のため単座配位子とする。また錯体の標記も [ML] であるが簡略化のため ML とする。以降も同様である。

[†2] ln および log について，自然対数の場合は ln および常用対数の場合は log と表記する。

$$K = \frac{K'}{[\mathrm{H_2O}]} \tag{3.12}$$

多くの錯体の形成反応および置換反応においては，式 (3.13)，(式 (3.6) あるいは式 (3.10)) に引き続き，式 (3.14)～(3.16) のように配位子 L が 1 個ずつ配位していく多段階の平衡反応が進行する．全反応としては式 (3.17) となる．

$$\mathrm{M + L \rightleftharpoons ML} \qquad K_1 = \frac{[\mathrm{ML}]}{[\mathrm{M}][\mathrm{L}]} \tag{3.13}$$

$$\mathrm{ML + L \rightleftharpoons ML_2} \qquad K_2 = \frac{[\mathrm{ML_2}]}{[\mathrm{ML}][\mathrm{L}]} \tag{3.14}$$

$$\mathrm{ML_2 + L \rightleftharpoons ML_3} \qquad K_3 = \frac{[\mathrm{ML_3}]}{[\mathrm{ML_2}][\mathrm{L}]} \tag{3.15}$$

$$\vdots$$

$$\mathrm{ML_{n-1} + L \rightleftharpoons ML_n} \qquad K_n = \frac{[\mathrm{ML_n}]}{[\mathrm{ML_{n-1}}][\mathrm{L}]} \tag{3.16}$$

$$\mathrm{M + \mathit{n}L \rightleftharpoons ML_n} \qquad \beta_n = \frac{[\mathrm{ML_n}]}{[\mathrm{M}][\mathrm{L}]^n} = K_1 K_2 K_3 \cdots K_n \tag{3.17}$$

各段階の平衡定数 K_1，K_2，K_3，…，K_n を**逐次安定度定数**（stepwise stability constant）といい，これらを掛け合わせた，最終的に生成する錯体生成における平衡定数 β_n を**全安定度定数**（overall stability constant）という．

特に，逐次安定度定数 K_n とギブズの自由エネルギー変化 ΔG_n（$n = 1, 2, 3,$ …）の間には式 (3.8) の関係があり，逐次安定度定数 K_n はギブズの自由エネルギー変化 ΔG_n を直接的に反映する量なので，逐次安定度定数の大きさは $K_1 > K_2 > K_3 > \cdots > K_n$ の順に従うのが一般的である．この傾向は後の段階になるほど生成過程で置換されうる配位子の数が減ることを考えると容易に理解できる[†（次ページ参照）]．逆に全安定度定数 β_n は式 (3.17) の関係により一般的に $\beta_1 < \beta_2 < \beta_3 < \cdots < \beta_n$ の順となる．一例として，表 3.1 にニッケル（Ⅱ）（Ni(Ⅱ)）-アンモニア（$\mathrm{NH_3}$）系における $[\mathrm{Ni(NH_3)}_n(\mathrm{H_2O})_{6-n}]^{2+}$ の逐次安定度定数 K_n および全安定度定数 β_n（$n = 1, 2, 3, 4, 5, 6$）の関係を示す．

表 3.1 ニッケル（Ⅱ）(Ni(Ⅱ))-アンモニア（NH_3）系における $[Ni(NH_3)_n(H_2O)_{6-n}]^{2+}$ の逐次安定度定数 K_n および全安定度定数 $\beta_n (n=1, 2, 3, 4, 5, 6)$ [1]

n	1	2	3	4	5	6
$\log K_n$	2.72	2.17	1.66	1.12	0.67	0.03
$\log \beta_n$	2.72	4.89	6.55	7.67	8.34	8.37

図 3.2 に銅（Ⅱ）(Cu(Ⅱ))-NH_3 系における錯体種 $[Cu(NH_3)_n(H_2O)_{4-n}]^{2+}$ の錯形成割合を示す。配位する NH_3 の数が多い錯体種 $[Cu(NH_3)_n(H_2O)_{4-n}]^{2+}$ ほど NH_3 濃度が高くないと存在できず，前述したように $K_1 > K_2 > K_3 > K_4$ の順となる。

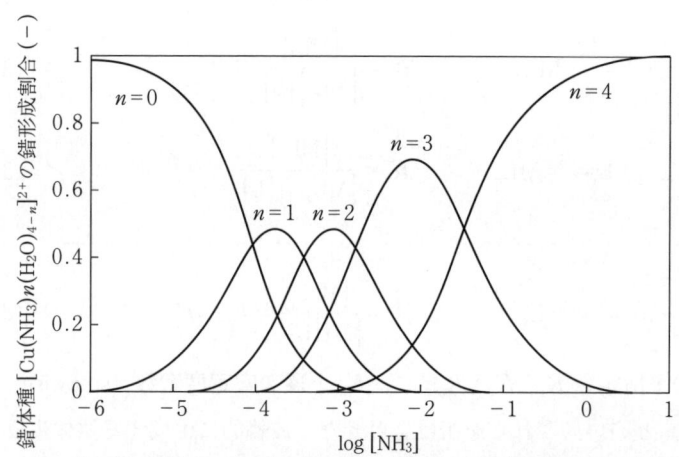

$n=0$；$[Cu(H_2O)_4]^{2+}$, $n=1$；$[Cu(NH_3)(H_2O)_3]^{2+}$, $n=2$；$[Cu(NH_3)_2(H_2O)_2]^{2+}$, $n=3$；$[Cu(NH_3)_3(H_2O)]^{2+}$ および $n=4$；$[Cu(NH_3)_4]^{2+}$

図 3.2 銅（Ⅱ）(Cu(Ⅱ))-NH_3 系における $[Cu(NH_3)_n(H_2O)_{4-n}]^{2+}$ の錯形成割合

---

†（前ページの脚注） Ni(Ⅱ)-NH_3 系における $[Ni(NH_3)_n(H_2O)_{6-n}]^{2+}$ の錯形成反応において，つぎの式 ① および式 ② を考える。

$[M(H_2O)_5]L \rightleftharpoons [M(H_2O)_4L_2] + H_2O$　　　　　　　①
$[M(H_2O)_4L_2] + L \rightleftharpoons [M(H_2O)_3L_3] + H_2O$　　　　②

錯形成反応に際して置換に利用しうる配位子（H_2O）数は n が増すにつれて減少し，結合している配位子（L）数は増加する。その結果として n が大きくなるほど上記の反応の逆反応の重要性が増し，反応におけるエンタルピー変化（ΔH）にあまり差がなければ n が大きくなるにつれて K_n が反応系に有利になる。なお，逐次安定度定数の大きさが逆転して $K_{n-1} < K_n$ のようになるのは，配位子が加わるにつれて金属錯体の電子的・立体的構造が大きく変化する場合であることが多い。

また，**表3.2**にさまざまな錯体の全安定度定数 (β_n) を示す。

これらの安定度定数の測定法には，（1）pH法，（2）分光光度法，（3）電気化学的測定法（ポーラログラフ法など），（4）溶解度法，（5）反応速度法，（6）二相分配法などがある。例えば，（1）pH法は式 (3.18) のように配位子 H_aL が弱酸で金属と錯体を形成するとき，プロトン（H^+）が放出されるので，溶液pHが変化する。この測定から ML_m 組成と各安定度定数が求められる。

$$M^{n+} + mH_aL \rightleftarrows ML_m^{(am-n)-} + amH^+ \tag{3.18}$$

また，（2）分光光度法は金属イオンと配位子を含む溶液の吸光度は遊離の金属イオン，配位子および生成した錯体の吸光度の和で表される。溶質の吸光度 A はモル吸光係数 ε，濃度 c および液層厚さ d の積で表される（$A = \varepsilon c d$）。金属イオンMと配位子Lとの間に n 個の錯体 $ML \sim ML_n$ が生成するとき，ある波長に対する金属イオンと配位子を含む溶液の吸光度 A は式 (3.19) で表される。

表3.2 さまざまな錯体の全安定度定数 (β_n)[2]

M^{n+}	$L(m)$[*1]	$\log \beta_1$	$\log \beta_2$	$\log \beta_3$	$\log \beta_4$	$\log \beta_5$	$\log \beta_6$
Ag^+	$NH_3(1)$	3.31	7.31				
	en(2)[*2]	4.70	7.70				
Cu^{2+}	$NH_3(1)$	4.24	7.83	10.80	12.90		
	en(2)	10.54	19.6				
	dien(3)[*3]	16.0	21.0				
	trien(4)	20.1					
	tetraen(5)[*4]	22.8					
Zn^{2+}	$NH_3(1)$	2.2	4.5	6.8	8.8		
	en(2)	5.9	10.7				
	dien(3)[*3]	8.9	14.4				
	trien(4)	11.8					
Co^{2+}	$NH_3(1)$	2.11	3.74	4.79	5.55	5.73	5.11
	en(2)	5.96	10.8	14.1			
Ni^{2+}	$NH_3(1)$	2.36	4.26	5.81	7.04	7.89	8.31
	en(2)	7.34	13.54	17.71			

〔注〕 [*1] $L(m)$：配位子（配位座数）en：エチレンジアミン，dien：ジエチレントリアミン，trien：トリエチレンテトラミン，tetraen：テトラエチレンペンタミン
[*2] en の配位座数は2であるが，ここでの配位数は1である。
[*3] dien の配位座数は3であるが，ここでの配位数は2である。
[*4] tetraen の配位座数は5であるが，ここでの配位数は4である。

$$A = \varepsilon_M[M] + \varepsilon_L[L] + \Sigma\varepsilon_{MLn}[ML_n]$$
$$= \varepsilon_M[M] + \varepsilon_L[L] + \Sigma\varepsilon_{MLn}\beta_n[M][L]_n \qquad (d = 1\,\mathrm{cm}) \qquad (3.19)$$

一般に，n 個の錯体が生成するときには，$\beta_1 \sim \beta_n$ の n 個，ε_M の1個，ε_L の1個および ε_{MLn} ($n=1 \sim n$) の n 個の合計 $2n+2$ 個の未知数を求めなければならない。n 個の β を求める（1）のpH法に比べて未知数が多い。しかしながら，本法の感度は非常に高いので希釈溶液についても測定でき，さらに，適当な波長を選べば錯体のみの濃度を測定することもできるなどの利点も有する。

3.2.2　錯体の安定度定数に与える各種の影響

錯体の安定度定数に与える各種の影響として，Ⅰ. 金属イオンによる影響とⅡ. 配位子による影響に分けられる。おもにⅠ. については（1）典型金属イオンにおける場合と（2）遷移金属イオンにおける場合などがあり，特に（2）においては**アーヴィン・ウィリアムス（Irving-Williams）系列**，**ヤーン・テラー（Jahn-Teller）ひずみ**などがあり，Ⅱ. については（3）**自由エネルギー直線関係**（linear free energy relationship, LFER），（4）**キレート効果（エントロピー効果）**，（5）**立体効果**（電子構造の非局在化），（6）**マクロ環効果**などがある。これらについて順次説明する。

〔1〕　**典型金属イオンによる効果**

典型金属イオンの場合，一般に金属イオンの価数（電荷）が大きいほど安定度定数が大きくなる。例えば，ほぼ同一の大きさ（イオン半径が 0.11～0.12 nm 程度）で価数（電荷）の異なる金属イオンにおいては，式（3.20）の傾向を示す。

$$\text{安定度定数：} Na^+ < Ca^{2+} < La^{3+} < Th^{4+} \qquad (3.20)$$

また，同一の価数（電荷）の金属イオンにおいては，イオン半径が小さいほど安定度定数が大きくなる。例えば，2（2A）族金属イオン（価数（電荷）は+2）の場合においては式（3.21）の傾向を示す。

$$\text{安定度定数：} Mg > Ca > Sr > Ba > Ra \qquad (3.21)$$

〔2〕 **遷移金属イオンによる効果**

遷移金属イオンにおいては，特に第一遷移系列の価数（電荷）+2の金属イオン（第一遷移金属(II)イオン）についてさまざまな配位子について検討されており，図3.3に示されるアーヴィン・ウィリアムス系列が有名である。これは金属イオン–安定度定数（対数）の関係において図3.3および式 (3.22) のような関係である。

$$\text{安定度定数：Mn} < \text{Fe} < \text{Co} < \text{Ni} < \text{Cu} > \text{Zn} \tag{3.22}$$

この傾向は前述したイオン半径変化だけでは説明できず，第一遷移金属（II）イオンの高スピン型とそれに基づく配位子場分裂エネルギー（Δ_o）にほぼ依存している。しかしながらNiとCuでは逆転し，これはヤーン・テラーひずみによる安定化効果による[†]。

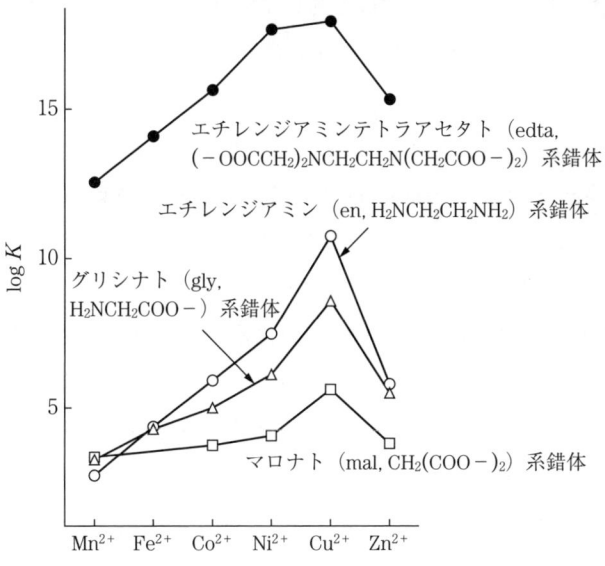

図3.3 第一遷移金属（II）イオン（M^{2+}）における安定度定数の変化：アーヴィン・ウィリアムス系列

[†] Ni 正方ひずみを受けた Cu(II) 錯体ではアキシアル位置における結合は弱くなるが，平面内の4個の配位子原子との結合は強くなるので，この安定化により安定度定数が大きくなる。

安定度定数：Mn＜Fe＜Co＜Ni＜Cu＞Zn

$$\Delta_\mathrm{o}: \qquad 0 \quad 0.4 \quad 0.8 \quad \underline{1.2} \quad \underline{0.6} \quad 0 \tag{3.23}$$

また，熱力学的な観点より考察すると，式 (3.8) と式 (3.9) の関係 ($\Delta G = -RT\ln K = \Delta G = \Delta H - T\Delta S$) よりエンタルピー ($\Delta H$) 効果とエントロピー ($\Delta S$) 効果の二つの場合がある．図 3.3 中のカルボキシル基の配位子であるエチレンジアミン (en) およびエチレンジアミンテトラアセタト (edta) では ΔH 効果，そしてマロナト (mal) では ΔS 効果であり，カルボキシル基とアミノ基を有する配位子グリシナト (gly) 配位子では，その中間の効果である．

〔3〕 **自由エネルギー直線関係**

一般にプロトンと結合しやすい配位子は金属イオンとも錯形成しやすいので，配位子がプロトンと結合するときの酸解離定数 (pK_a) と錯形成するときの安定度定数 ($\log K$) の間には直線的な関係が得られる．

$$\text{配位子の } pK_a \propto \text{ 金属イオンの } \log K \tag{3.24}$$

例えば，銀 (Ⅰ) イオン (Ag^+)，Cu^{2+} およびニッケル (Ⅱ) イオン (Ni^{2+})-ピリジン (py) 系の錯体において LFER が確認されている．

〔4〕 **キレート効果** (chelate effect, **エントロピー効果** (entropy effect))

式 (3.25) と式 (3.26) のように，2 個のアンミン (NH_3) のような単座配位子錯体の安定度定数 (K_{NH_3}) と 1 個のエチレンジアミン (en) のような二座キレート配位子錯体の安定度定数 (K_{en}) を比較した場合，一般に $K_{(NH_3)_2} < K_{en}$ となり，より安定な錯体を形成する．すなわち，単座配位子の錯形成よりも多座配位子の錯体 (キレート環†) 形成の方が大きな安定度定数を有し，より安定となる．このようなキレート環形成による安定化効果を**キレート効果**という．

$$[Cu(H_2O)_6]^{2+} + 2NH_3 \rightleftharpoons [Cu(NH_3)_2(H_2O)_4]^{2+} + 2H_2O \tag{3.25}$$

(反応前後での物質量)　$(1+2=)3 \rightleftharpoons (1+2=)3$　mol

$$[Cu(H_2O)_6]^{2+} + en \rightleftharpoons [Cu(en)(H_2O)_4]^{2+} + 2H_2O \tag{3.26}$$

---

† 錯体において多座配位子が金属に配位する構造があたかも蟹のハサミ (chele, ギリシャ語) が物をつかむような構造なのでキレート構造，その金属錯体をキレート，その錯体生成により生ずる金属イオンを含む環を**キレート環**という．

(反応前後での物質量)　$(1+1=)2 \rightleftharpoons (1+2=)3$　mol

　また，キレート効果はエントロピー (ΔS) 効果とみなされている．式 (3.25), (3.26) および表 3.2 より，式 (3.25) において反応前後での物質量には変化がないが，式 (3.26) において反応前に比べて反応後は物質量が増加しており，**表 3.3** の en の $\Delta S°$ も正となっている（乱雑さが増大している）．さらに $\Delta H°$ の比較においてはあまり違いがないが，$\Delta S°$ の比較においては大きな差異が見られる．具体的に式 (3.8) および式 (3.9) をそれぞれの安定度定数 ($K(NH_3)_2$ と Ken) と熱力学パラメーター ($\Delta H(NH_3)_2°$, $\Delta S(NH_3)_2°$ と ΔHen°, ΔSen°) で表すとつぎのようになる．

$$\Delta G_{(NH_3)_2}° = -RT \ln K_{(NH_3)_2} \qquad \Delta G_{(NH_3)_2}° = \Delta H_{(NH_3)_2}° - T\Delta S_{(NH_3)_2}°$$
$$\Delta G_{en}° = -RT \ln K_{en} \qquad \Delta G_{en}° = \Delta H_{en}° - T\Delta S_{en}°$$

これより $\Delta S_{(NH_3)_2}° < \Delta S_{en}°$ なので $\Delta G_{(NH_3)_2}° > \Delta G_{en}°$ となり，最終的に $K_{(NH_3)_2} < K_{en}$ が導かれる．エントロピー変化が錯形成反応の要因だからである．また，本系の最終生成物である $[Cu(NH_3)_4]^{2+}$ および $[Cu(en)_2]^{2+}$ の場合においても同様なことがいえる．

表 3.3　式 (3.25) および式 (3.26) の安定度定数と熱力学パラメーター[3]

配位子	$\log K$	$-\Delta H°$ [kJ mol^{-1}]	$\Delta S°$ [J K^{-1} mol^{-1}]	$T\Delta S°$ [kJ mol^{-1}]
$(NH_3)_2$	7.7	46	-8.4	-2.5
en	10.6	54	23	6.9
$(NH_3)_4$	12.6	84	-36	-11
$(en)_2$	20.0	105	30	8.9

〔5〕立体効果

　二座のキレート環（二座キレート配位子と金属イオンから成る錯体）の大きさ（キレート環を構成する原子数，例えば原子数 5 の場合は 5 員環）と安定度定数の間にも配位する原子の種類によらずつぎのような関係がある．

　　　3 員環 ≪ 4 員環 ≪ 5 員環 > 6 員環　　　　　　　　　　　(3.27)

これは配位子の孤立電子対と金属イオンの d 電子との重なり度合いの違いが影響している．これを**立体効果**（steric effect）といい，キレート生成の際に

は環の完成が幾何学的に難しい場合もあるのでこの立体効果が重要になる。式(3.27)に示すように5員環のキレート環はきわめて安定，6員環は安定で，電子構造の非局在化が起こりうるときはより有利になる。例えば，5員環を形成する配位子として 2,2′-ビピリジン（bpy），1,10-フェナントロリン（phen）などがある。また，例外として二座キレート配位子と金属イオンの間に π 結合がある場合には6員環も安定となり，そのような配位子としてアセチルアセトナト（acac）などがある。

〔6〕 マクロ環効果

キレート環構造を形成する錯体の配位子はそれ自体環状構造ではなく開いた構造であるが，大環状配位子が金属イオンと作る錯体はキレート環構造を形成する錯体に比べさらに安定度定数が大きくなる。この効果を**マクロ環効果**あるいは**大環状効果**（macrocyclic effect）と呼んでいる。特に環内の空間と金属イオンのサイズが合致すると安定度定数はさらに増加する。このような大環状配位子としては，クラウンエーテル（例えば 18-crown-6），テトラアザシクロテトラデカン（cyclam），ポルフィリン（por），フタロシアニン（pc）などがある。

3.2.3 錯体の置換反応機構

錯体の置換反応機構には，図 3.4 および式 (3.28) 〜 (3.30) に示すように，大別して（1）**解離機構**（dissociative mechanism, **D機構**），（2）**交替機構**（interchange mechanism, **I機構**）および（3）**会合機構**（associate mechanism, **A機構**）に分類される（原系および生成系をそれぞれ L_nMX および L_nMY とする）。

（1）解離機構

　　① $L_nMX \longrightarrow L_nM + X$,　　② $L_nM + Y \longrightarrow L_nMY$　　(3.28)

（2）交替機構

　　① $L_nMX + Y \longrightarrow L_nMX\text{-}Y$,　　② $L_nMX\text{-}Y \longrightarrow L_nMY + X$　　(3.29)

（3）会合機構

　　① $L_nMX + Y \longrightarrow L_nMXY$,　　② $L_nMXY \longrightarrow L_nMY + X$　　(3.30)

3.2 錯体の置換反応

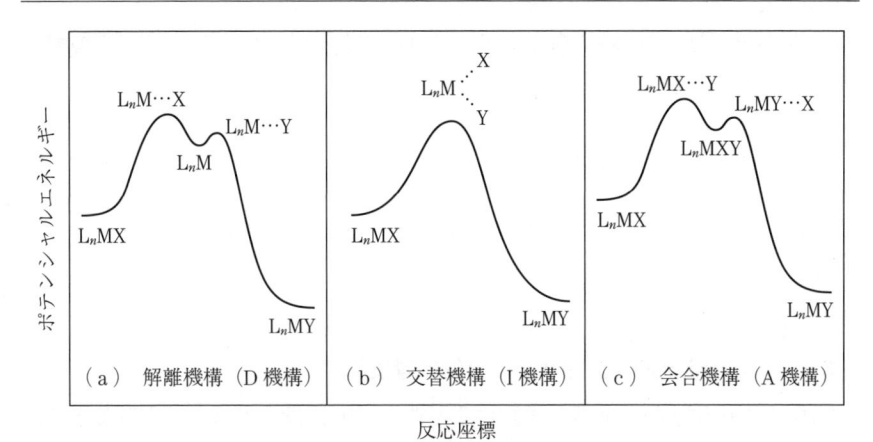

図 3.4 錯体の置換反応機構の分類

（1）においては原系 L_nMX の金属イオンから配位子 X が離脱して配位数が減少した錯体 L_nM を生成し，つぎにこれに新しい配位子 Y が結合して生成系 L_nMY となる機構である（中間体 L_nM を生成する）．律速段階は X が脱離する ① の反応となる．（2）においては原系 L_nMX の錯体から配位子 X が脱離すると同時に配位子 Y が付加して生成系 L_nMY となる機構である（いわゆる中間体を生成しない 1 段階の機構である）．そして（3）においては原系 L_nMX の錯体に新しい配位子 Y が付加して配位数が増加した錯体 L_nMXY を生成し，つぎに配位子 X が脱離して生成系 L_nMY となる機構である（いわゆる中間体 XL_nMY を生成する 2 段階の機構である）．律速段階は Y が付加する ① の反応となる．

さらに，（2）においては（2）-1 **解離的交替機構（I_d 機構）**と（2）-2 **会合的交替機構（I_a 機構）**に分けられる．すなわち（2）では原系の錯体（L_nMX）と付加する配位子 Y がゆるく結合した外圏錯体（配位圏の外側という意味）を形成し（式 (3.31) の ①-1），つぎに配位圏にある X と外圏の Y が交替する．このとき途中で式 (3.31) の ①-2 のような状態を経るが，寿命が短い中間体ではなく活性化された遷移状態である．この活性化エネルギーが M⋯X を切るのに用いられる場合を（2）-1 の機構，および M⋯Y の形成に用いら

れる場合を（2）-2）の機構という。なお，（2）-1）および（2）-2）の機構は，それぞれXおよびYの種類に影響される。

$$①\text{-}1 \quad L_nMX + Y \longrightarrow XL_nM\cdots Y, \qquad ①\text{-}2 \quad L_5M{<}{X \atop Y} \tag{3.31}$$

さらに，A機構とI_a機構を合わせて**a機構**，およびD機構とI_d機構を合わせて**d機構**ともいう。

3.2.4 立体化学的な立場からの錯体の置換反応

錯体の立体化学的な構造を認識すると置換反応機構をより良く理解できる。ここでは，代表的な四配位の正方平面型（正方四面型）錯体および六配位の八面体型錯体を例に説明する。

四配位の正方平面型（正方四面型）錯体はd^8の電子配置を持つNi(Ⅱ)，ロジウム(Ⅱ)(Rh(Ⅱ))，パラジウム(Ⅱ)(Pd(Ⅱ))，白金(Ⅱ)(Pt(Ⅱ))，金(Ⅱ)(Au(Ⅱ))などであり，その置換反応機構は会合機構（A機構）である（**図 3.5**）。

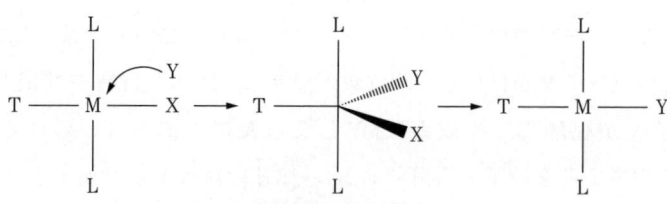

三角両錐構造の中間体

・置換反応機構は会合機構（A機構）

図 3.5 四配位の正方平面型（正方四面型）錯体の置換反応機構（会合機構（A機構））

図に示す会合的な置換反応は三角両錐構造の中間体を経由する。また，この錯体の配位子が求核試薬によって置換されるときにどの位置の配位子が置換されやすいかについては古くから検討されている。その例を式 (3.32) および式 (3.33) の Pt(Ⅱ) 錯体で示す。式 (3.32) の2段階目反応で NH_3 が配位する場合には，塩素イオン（Cl^-）の配位子に対してつねにトランス（*trans*）の位置

3.2 錯体の置換反応

で置換される。また，式 (3.33) の 2 段階目反応で Cl^- が配位する場合にも Cl^- の配位子に対してトランス位で置換される。これらより Cl^- の配位子がそれ自体に対してトランス位の配位子を置換しやすくする効果を有すると考えられる。すなわち，四配位の正方平面型（正方四面型）錯体の置換反応では，トランス位の配位子が置換反応性に与える影響が大であり，その大小の序列を**トランス効果**（trans effect）と呼んでいる。一般的なトランス効果の順序は式 (3.34) のようにまとめられる[†]。なお，抗癌剤で有名なシスプラチンは式 (3.32) の生成物であり，出発物質がテトラアンミン白金(II)錯体（$[Pt(NH_3)_4]^{2+}$）では合成できず（トランス（*trans*）体となるため），テトラクロロ白金(II)酸錯体（$[PtCl_4]^{2-}$）で合成できる。

$$\text{Cl}_2\text{Pt}\text{Cl}_2 \xrightarrow{+NH_3} \text{ClPt(NH}_3)\text{Cl}_2 \xrightarrow{+NH_3} \text{Cl}_2\text{Pt(NH}_3)_2 \quad (3.32)$$

$$[\text{Pt(NH}_3)_4] \xrightarrow{+Cl^-} [\text{ClPt(NH}_3)_3] \xrightarrow{+Cl^-} [\text{Cl}_2\text{Pt(NH}_3)_2] \quad (3.33)$$

$$CN^-, CO, C_2H_4, NO > H^-, CH_3^-, SC(NH_2)_2, PR_3, SR_2$$
$$> NO_2^- > I^- > SCN^- > Br^- > Cl^- > py, NH_3 > OH^- > H_2O \quad (3.34)$$

六配位の八面体型錯体は Ni(II)，Co(III) などの多くの遷移金属イオンに見られるが，その置換反応機構は解離機構（D 機構）である（**図 3.6**）。図に示す解離的な置換反応は複雑でエネルギー差のほとんどない四角錐構造あるいは三角両錐構造の中間体を経由する。特に，$[Ni(SO_4)(H_2O)_4]$，$[Ni(H_2O)_4(phen)]^{2+}$（phen：1,10-フェナントロリン），$[Co(X)(NH_3)_5]^{2+}$，$[Co(X)_2(en)_2]^+$，$[CoLX(en)_2]^{n+}$（X：アニオン性配位子で Cl^- など，L：OH^-，Br^-，Cl^-，NCS^-，NO_2^-，NH_3）など

[†] 一般に H^- および CH_3^- イオンなどの σ 供与性の高い，あるいは，オレフィン，カルボニルなどの π 受容性の高い配位子のトランス効果は大きい。また，この効果については，トランス位の配位子はその配位結合に同じ d 軌道を用いるのでたがいの結合の安定性に与える影響が大きいこと，σ 供与のバランスに基づく σ トランス効果や π 逆供与に基づく π トランス効果が重要であることなどが指摘されている。

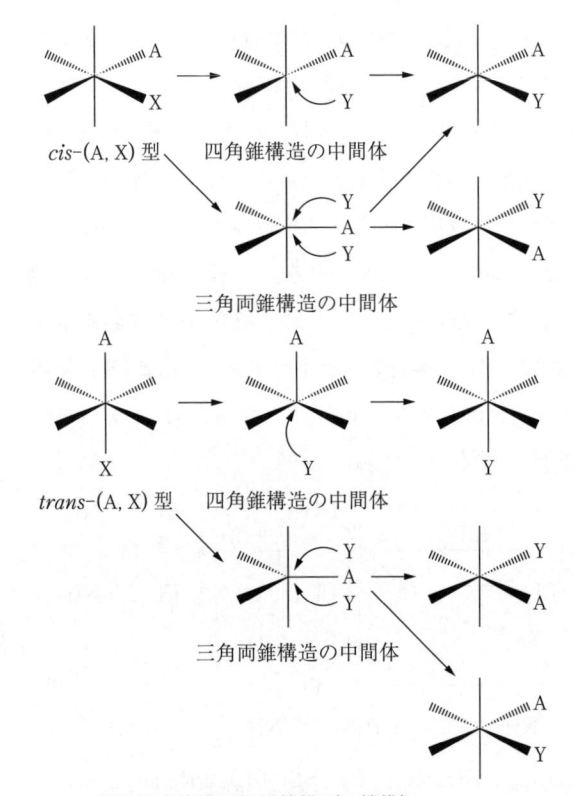

・置換反応機構は解離機構（D機構）

図 3.6 六配位の八面体型錯体の置換反応機構
（解離機構（D機構））

において詳細に説明されている。

3.3 電子移動反応（酸化還元反応）

フロスト（Frost）ダイアグラム（図 3.7）[†(次ページ参照)] に示されるように遷移金属は複数の酸化状態を有し，そのため**電子移動反応**（electron transfer reaction）あるいは**酸化還元反応**（redox reaction）が生じる。前述したようにこれらの反応は表裏の関係にあり，どちらも金属錯体の異なる酸化還元状態間での反応である。また，金属イオンと配位子や溶媒分子の関係においてその配

3.3 電子移動反応（酸化還元反応）

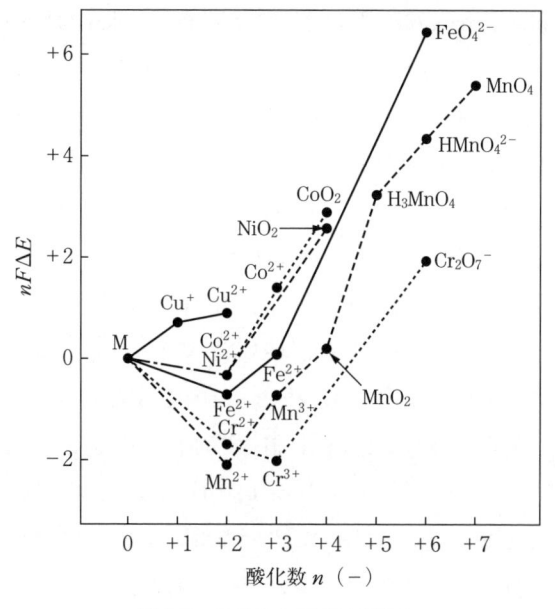

図 3.7 フロストダイアグラム

位領域（配位圏）には2種類あり，Ⅰ. 金属イオンが周囲に配位子や溶媒分子を引き付けている領域を**内部配位圏**（inner coordination sphere，内圏），およびⅡ. この外側を囲んでいる溶媒分子の存在する領域を**外部配位圏**（outer coordination sphere，外圏）といい，これらでは電子移動反応（酸化還元反応）の機構は異なる。ここでは内圏型電子移動反応と外圏型電子移動反応，電子移動反応から酸化還元反応への適応，金属錯体の酸化還元のしやすさなどについて説明する。

3.3.1 内圏型電子移動反応

酸化還元反応の電子移動過程において，金属イオンに結合した配位子による架橋，それによる配位子の移動・変換などが起こる反応を**内圏型（電子移動**

---

† (前ページの脚注) 遷移金属の酸化数 (n) と反応における**ギブズ**の自由エネルギー変化 (ΔG) に対応した $nF\Delta E$ (F：**ファラデー** (Faraday) 定数，ΔE：中性状態 ($n=0$) と注目する酸化状態 ($n=n$) との間の電位差) の関係図で，n の違いによる相対的な安定性を評価することができる。

反応（inner sphere reaction）という。この代表的な反応は酸性溶液中でのペンタアンミンクロロコバルト(Ⅲ) イオン （$[CoCl(NH_3)_5]^{2+}$）と（ヘキサアクア）クロム(Ⅱ) イオン （$[Cr(H_2O)]^{2+}$，あるいは Cr^{2+}）の反応である（式(3.35)）。すなわち $[CoCl(NH_3)_5]^{2+}$ と $[Cr(H_2O)]^{2+}$ の酸化還元反応で，原系の $[CoCl(NH_3)_5]^{2+}$ は置換不活性および $[Cr(H_2O)]^{2+}$ は置換活性である。酸化還元反応の前に置換活性な $[Cr(H_2O)]^{2+}$ の1個の配位子 H_2O が Co^{3+} に配位している Cl^- に攻撃，置換され，Cl^- が架橋した中間体である $[(NH_3)_5Co^{Ⅲ}-Cl-Cr^{Ⅱ}(H_2O)_5]^{4+}$ が生成し，その後酸化還元反応により電子（e^-）がこの架橋を通って $Cr^{Ⅱ}$ から $Co^{Ⅲ}$ へ移動する。なお，移動した際の $[(NH_3)_5Co^{Ⅱ}-Cl-Cr^{Ⅲ}(H_2O)_5]^{4+}$ において $Co^{Ⅱ}$ は置換活性および $Cr^{Ⅲ}$ は置換不活性となるので，$Co^{Ⅱ}$ のすべての配位子が溶媒の H_2O で置換されて $[Co(H_2O)_6]^{2+}$ となり，$Cr^{Ⅲ}$ は架橋 Cl^- はそのまま配位圏にとどまって $[CrCl(H_2O)_5]^{2+}$ となる。すなわち，反応の間に Cl^- が一つの錯体の配位圏から別の錯体の配位圏へ直接移動し，$Co^{Ⅲ}$ に結合している Cl^- は $[Cr(OH_2)_6]^{3+}$ の置換活性配位圏に容易に侵入し**架橋中間体**を形成する。この場合，式(3.36) に示すような電子対を二つ以上持っていて，二つの金属中心に供与できる配位子が有効な架橋配位子である。

$$[CoCl(NH_3)_5]^{2+} + [Cr(H_2O)]^{2+} \rightleftarrows \underline{[(NH_3)_5Co^{Ⅲ}-Cl-Cr^{Ⅱ}(H_2O)_5]^{4+}} + H_2O$$

（架橋中間体）

$$\begin{bmatrix} & NH_3 & & OH_2 & \\ & | & NH_3 & | & OH_2 \\ H_3N-&Co-&Cl-&Cr-&OH_2 \\ H_3N & | & H_2O & | & \\ & NH_3 & & OH_2 & \end{bmatrix}^{4+}$$

$[(NH_3)_5Co^{Ⅱ}-Cl-Cr^{Ⅲ}(H_2O)_5]^{4+}$

H^+

$$\longrightarrow [Co(H_2O)_6]^{2+} + 5NH_4^+ + [CrCl(H_2O)_5]^{2+} \qquad (3.35)$$

$$:\ddot{\underset{..}{Cl}}:^- \quad :\ddot{\underset{..}{S}}-C\equiv N:^- \quad :N\equiv N: \quad \ddot{N}\equiv N\equiv \ddot{N}^- \quad :C\equiv N:^- \qquad (3.36)$$

内圏型電子移動反応を解析することは，外圏型を解析することよりも困難で

ある．それは外圏型においては電子移動のみであるが，内圏型においては電子移動と原子移動の両方が関与しており，この二つの移動の区別は非常に難しいのである．一般的に内圏型はつぎの①～③の3段階であり，一般に律速段階は電子移動過程となる．

① 架橋錯体の生成：$M(II)L_6 + XM'(III)L'_5 \longrightarrow L_5M(II)-X-M'(III)L'_5 + L$
② 電子移動：$L_5M(II)-X-M'(III)L'_5 \longrightarrow L_5M(III)-X-M'(II)L'_5$
③ 後続錯体の最終生成物への分解：$L_5M(III)-X-M'(II)L'_5 \longrightarrow$ 生成物

3.3.2 外圏型電子移動反応

酸化還元反応の電子移動過程において，反応前後で酸化剤および還元剤のどちらにも構造変化がなく（すなわち金属イオンに結合した配位子による架橋，それによる配位子の移動・変換などが起こらず），電子だけが移動すると考えられるものである．このような酸化還元反応（**電子移動反応**と呼んでもよい）の機構を**外圏型（電子移動）反応**（outer sphere reaction）という．一般に電子移動のみなので（電子の）移動速度理論などを考えて計算することも可能である．外圏型電子移動反応の単純な系として式 (3.37) に示すように，同一金属イオン・配位子の錯体間における自己交換電子移動反応がある．例えば $[M(H_2O)_6]^+ \sim [M(H_2O)_6]^{2+}$（M：Cu など），$[M(H_2O)_6]^{2+} \sim [M(H_2O)_6]^{3+}$（M：Cr, Mn, Fe, Co, Ni, Cu, Ru など），$[M(NH_3)_6]^{2+} \sim [M(NH_3)_6]^{3+}$（M：Co, Ru など），$[M(CN)_6]^{4-} \sim [M(CN)_6]^{3-}$（M：Fe）などにおける反応がある．これらの2次速度定数は $10^{-10} \sim 10^5 (\text{mol}/l)^{-1} \text{s}^{-1}$ とさまざまであり，例えば $[M(NH_3)_6]^{2+} \sim [M(NH_3)_6]^{3+}$ 系で $2 \times 10^{-10} (\text{mol}/l)^{-1} \text{s}^{-1}$，$[Cr(H_2O)_6]^{2+} \sim [Cr(H_2O)_6]^{3+}$ 系で $2 \times 10^{-5} (\text{mol}/l)^{-1} \text{s}^{-1}$，$[Co(H_2O)_6]^{2+} \sim [Co(H_2O)_6]^{3+}$ 系で $2(\text{mol}/l)^{-1} \text{s}^{-1}$，$[Fe(CN)_6]^{4-} \sim [Fe(CN)_6]^{3-}$ 系で $9 \times 10^4 (\text{mol}/l)^{-1} \text{s}^{-1}$ 程度である．

$$[ML_m]^{n+} + [M'L_m]^{(n+1)+} \longrightarrow [ML_m]^{(n+1)+} + [M'L_m]^{n+} \qquad (3.37)$$

（MとM'は同一金属イオンだがわかりやすくするために示した）

異なる錯体間の外圏型電子移動反応としては，$[Cr(bpy)_3]^{2+} \sim [Co(en)_3]^{3+}$，$[Co(phen)_3]^{2+} \sim [Ru(NH_3)_6]^{3+}$，$MnO_4^- \sim [Fe(CN)_6]^{4-}$，$[Fe(CN)_6]^{4-} \sim [IrCl_6]^{2-}$ な

どがある．例えば $[Fe(CN)_6]^{4-}$〜$[IrCl_6]^{2-}$ の反応は式 (3.38) に示すようになり，$[Fe(CN)_6]^{4-}$ と $[IrCl_6]^{2-}$ は置換不活性であり，2次速度定数は 1.2×10^5 $((mol/l)^{-1} s^{-1})$ である．

$$[Fe(CN)_6]^{4-} + [IrCl_6]^{2-} \longrightarrow [Fe(CN)_6]^{3-} + [IrCl_6]^{3-} \tag{3.38}$$

これらの電子移動は，金属イオンに結合した配位子による架橋，それによる配位子の移動・変換などが起こらないので，内圏ではなく外圏で接触している二つの錯イオン間での電子移動しかありえないのである．外圏型電子移動反応の解析については，マーカス（Marcus），アイバース（Ibers）などにより研究されている．例えば，**マーカスの理論**（Marcus theory）[†]による説明を**図 3.8** の

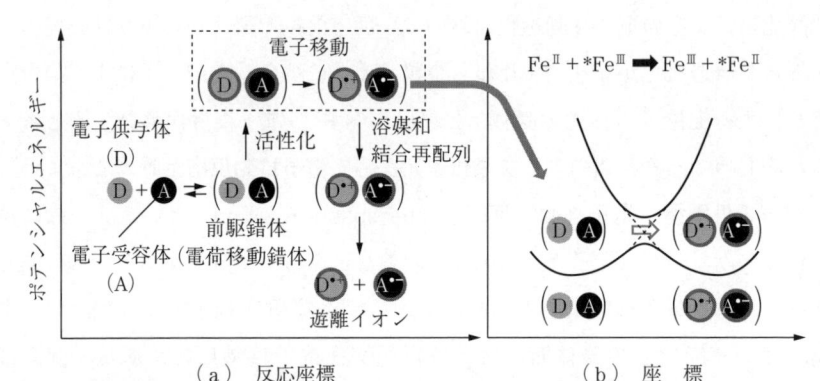

$[Fe(H_2O)_6]^{2+} + [*Fe(H_2O)_6]^{3+} \rightarrow [Fe(H_2O)_6]^{3+} + [*Fe(H_2O)_6]^{2+}$ の反応を図中では簡略化して $Fe^{II} + *Fe^{III} \rightarrow Fe^{III} + *Fe^{II}$ と示す．

図 3.8 対称的な反応系における電子移動反応過程とそのエネルギー変化

[†] マーカスの理論とは，電子の動きは原子の動きよりもはるかに速いことを説いたフランク・コンドンの原理に基づき，溶媒和も含めた核配置のゆらぎを考慮した再配列エネルギー（λ），反応の推進力である自由エネルギー変化（ΔG^0）および電子供与体（D）と受容体（A）の距離と配置に依存する軌道間相互作用（電子トンネリング行列要素）H_{DA} などにより電子移動の反応速度が定義されるという理論である．λ，ΔG^0 および H_{DA} の間には相互的な関係があり，特に λ の大きさに対する ΔG^0 の値に依存して電子移動速度が大きく放物線状の曲線を描くこと（$\lambda = -\Delta G^0$ のときに最大値となり，(DA) の核配置を変化させずに電子が移動するのに必要なエネルギーに対応するのである）ならびに λ と ΔG^0 のバランスにより反応全体の活性化自由エネルギー（$\Delta G^{\ddagger}$）が定義されることなどがある．この場合，電子移動の遷移状態の活性化自由エネルギーは $\lambda/4$ となって合理的に電子移動が生じる．また，$\lambda/4$ は自由エネルギー変化がゼロの場合の電子移動の固有のエネルギー障壁となる．

対称的な反応系における電子移動反応過程と，そのエネルギー変化に基づき述べる。一般に電子は反応活性なため，大きな距離を移動できないので，図3.8（a）に示すように，（1）電子受容体（D）と電子供与体（A）が接近して前駆錯体（電荷移動錯体）を形成し，（2）活性化されて電子移動が生じ，そして（3）溶媒和，結合再配列などが生じて安定な状態と，さらには安定な遊離イオンとなる。このとき重要なのが（2）の過程で，活性化された状態（DA）のエネルギーが（D^+A^-）のエネルギーに等しくなったときに，**フランク・コンドンの原理**（Franck-Condon principle）[†（前ページの脚注参照）]に従って核配置が変化することなく電子が一瞬にして移動するのである。電子移動前後，すなわち（DA）および（D^+A^-）の溶媒和を考慮した核配置の変化に伴うエネルギー変化（図3.8（b））において，（DA）および（D^+A^-）のエネルギーが変化しない（等しくなる）ときには両者のエネルギー曲線の交点に対応し，このときが電子移動のための活性化された状態，すなわち電子移動の遷移状態となり，多くのエネルギーを要することなく合理的に電子移動が生じるのである。この例として，上述した $[M(H_2O)_6]^{2+} \sim [M(H_2O)_6]^{3+}$（M：Fe）系における水和イオンの自己交換電子移動反応がある。

内圏型および外圏型の電子移動反応を考えた場合，配位子置換反応に関する情報は電子移動反応機構の完全な解析に欠くべからざるものである。このことを考慮して内圏型と外圏型の電子移動反応の判定をつぎの①〜⑤に示す。

① もし，電子移動反応が両方の錯体の配位子置換反応よりも速い場合：外圏型
② 錯体の金属イオン酸化数の違いによる金属イオン－配位子間距離の差が小さく，電子スピン多重度の再配列エネルギーが小さい場合：外圏型
③ 一方の錯体が置換活性であるが，他方の錯体に架橋になりうる配位子がない場合：外圏型
④ 電子移動反応に際して置換不活性な反応物から置換不活性な生成物へ配位子移動がある場合：内圏型
⑤ 反応錯体（原系）と生成錯体（生成系）が共に置換活性である場合：内

圏型または外圏型（内圏型と外圏型の判定は必ずしもできない）

3.3.3　電子移動反応から酸化還元反応への適用

前述したように電子から眺めた場合を電子移動反応，物質から眺めた場合を酸化還元反応といい，ここでは後者を考える。二つの物質 A および B があり，A の酸化および還元された状態をそれぞれ Ox(A) および Red(A) とする（B も同様にそれぞれ Ox(B) および Red(B) とする）。物質 A および B の酸化還元反応を示すと式 (3.39) となる。

$$\text{Ox(A)} + \text{Red(B)} \longrightarrow \text{Red(A)} + \text{Ox(B)} \tag{3.39}$$

このように酸化と還元は必ず対で起こり，式 (3.39) は電子（e^-）を用いて式 (3.40) および式 (3.41) の二つの半反応（半電池反応）で表される[†]。

$$\text{Ox(A)} + ne^- \longrightarrow \text{Red(A)} \tag{3.40}$$

$$\text{Red(B)} \longrightarrow \text{Ox(B)} + ne^- \tag{3.41}$$

半反応の場合，Ox を基準とするので式 (3.41) は式 (3.42) と書くことにする。

$$\text{Ox(B)} + ne^- \longrightarrow \text{Red(B)} \tag{3.42}$$

これらの半反応（$\text{Ox} + ne^- \longrightarrow \text{Red}$）の酸化還元電位（$E$）は式 (3.43) で示されるネルンスト（Nernst）式で与えられる。式 (3.40) と式 (3.42) の酸化還元電位を $E(A)$ と $E(B)$ とした場合，$E(A) > E(B)$ であれば，式 (3.39) の酸化還元反応は右方向に進むのである。また式 (3.39) の反応がどちらの方向に自発的に進むかについてはギブズの自由エネルギー変化（ΔG）からも決定でき，式 (3.44) で求められる。例えば，式 (3.39) の ΔG を $\Delta G(\text{AB})$ とすると，反応は $\Delta G(\text{AB}) < 0$ の方向に進む。

$$E = E_0 - \left(\frac{RT}{nF}\right) \ln\left(\frac{a_{\text{Red}}}{a_{\text{Ox}}}\right) \tag{3.43}$$

ここで，E_0：標準状態における酸化還元電位，R：気体定数，T：絶対温度，n：反応電子数，F：ファラデー（Faraday）定数，a_{Ox} および a_{Red}：Ox および

[†] 式 (3.39) と式 (3.40) ～ (3.42) の関係は，(3.39) = (3.40) + (3.41) または (3.39) = (3.40) - (3.42) のようになる。

Redの活量である。

$$\Delta G = -nFE \qquad (3.44)$$

例えばトリアクア鉄(Ⅲ)イオン（[Fe(H$_2$O)$_3$]$^{3+}$）とヘキサアクアクロム(Ⅱ)（[Cr(H$_2$O)$_6$]$^{2+}$）の酸化還元反応を考えた場合，この半反応（Oxを基準とした式）と酸化還元電位（E）は式 (3.46) と式 (3.47) のようになる。これより E(Fe) > E(Cr) なので式 (3.45) の酸化還元反応は成立する。これは平衡論からの評価であり，酸化還元電位差がある程度ないと反応は効率的には生じない。

$$[Fe(H_2O)_3]^{3+} + [Cr(H_2O)_6]^{2+} \longrightarrow [Fe(H_2O)_3]^{2+} + [Cr(H_2O)_6]^{3+} \qquad (3.45)$$

（半反応）

$$[Fe(H_2O)_3]^{3+} + e^- \longrightarrow [Fe(H_2O)_3]^{2+} \quad (E(Fe) = 0.771\ \text{V vs. NHE}) \qquad (3.46)$$

$$[Cr(H_2O)_6]^{2+} + e^- \longrightarrow [Cr(H_2O)_6]^{3+} \quad (E(Cr) = -0.424\ \text{V vs. NHE}) \qquad (3.47)$$

電気化学的な酸化還元反応も多数検討されており，フェロセン（ビス（シクロペンタジエニル）鉄(0)，Fe(cp)$_2$）錯体，金属サレン（M-salen）錯体，金属サイクラム（金属（1, 4, 8, 11-テトラアザシクロテトラデカン），M-cyclam）錯体，金属ポルフィリン（M-por）錯体，金属フタロシアニン（M-phta）錯体など，多くの錯体が検討されている。例えば，フェロセンは -0.15 V vs. SCE（水溶液中）で1電子酸化され，Fe(Ⅱ) を有するビス（シクロペンタジエニル）鉄(0)（あるいはビス（シクロペンタジエニル）鉄(Ⅱ)，[Fe(cp)$_2$]）から Fe(Ⅲ) を有するビス（シクロペンタジエニル）鉄(1+)（あるいはビス（シクロペンタジエニル）鉄(Ⅲ)，[Fe(cp)$_2$]$^+$）となり，電気化学的に可逆な反応である（式 (3.48)）[†]。

---

† シクロペンタジエニル（cp）は -1 価なので Fe(Ⅱ) との錯体は電気的に中性となり，ビス（シクロペンタジエニル）鉄 (0) となる。

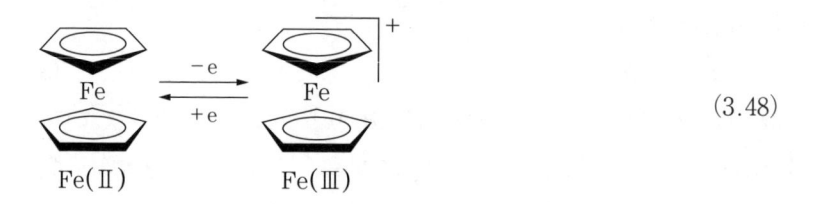

$$\text{Fe(II)} \underset{+e}{\overset{-e}{\rightleftharpoons}} [\text{Fe(III)}]^{+} \tag{3.48}$$

3.4 その他の錯体の反応

3.4.1 光化学反応

図 3.9 に示すように錯体に光照射,光吸収(光子吸収)そして電子遷移(① 基底状態→励起一重項状態)が生じる。光子吸収により錯体のエネルギーの増加する量は $170 \sim 600 \, \text{kJ mol}^{-1}$ 程度となり,このエネルギーは通常の活性化エネルギーよりも大きいので新しい反応経路が生じる。しかしながら,光子の持つ高いエネルギーが主要な正反応のエネルギー源として使用されるとき,その逆反応も容易に生じる。すなわち,このエネルギーの無放射失活(② 励起一重項状態→基底状態)であり,それ以外に発光による放射(③-1)蛍光発光:励起一重項状態～(蛍光)～→基底状態および ③-2) りん光発光:励起一重項状態-(無輻射的遷移)→励起三重項状態～(りん光)～→基底状態)と光化学反応(④-1) 励起一重項状態からの光化学反応および ④-2) 励起三重項状態か

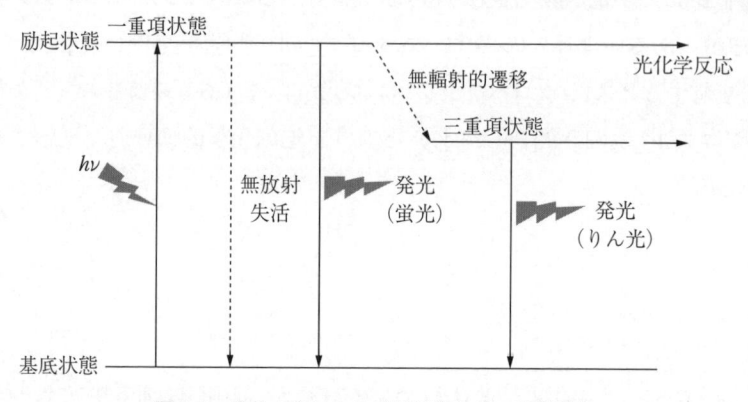

図 3.9 錯体の光による電子遷移とその後続反応

らの光化学反応）が生じる。特に，有効な光化学反応系の設計においては逆反応を避けることが重要な鍵となる。また，4.4.1項で示すように電子遷移と光化学反応の関係においては，①-1) **d-d 遷移（配位子場遷移）** からは光置換反応，光異性反応など，①-2) **電荷移動遷移**（charge transfer から **CT 遷移** ともいう）からは光酸化還元反応など，①-3) **配位子内遷移**（特に π-π^* 遷移など），①-4) **金属-金属結合系遷移**（特に $\delta^* \leftarrow \delta$ 遷移など）からは光解離反応，多電子光酸化還元反応などが生じる。なお，①-2) 電荷移動遷移（CT 遷移）には配位子から中心金属への電荷移動遷移を **LMCT**（ligand to metal charge transfer）および中心金属から配位子への電荷移動遷移を **MLCT**（metal to ligand charge transfer）があり，それぞれ金属の還元および酸化に相当する。例えば，金属を含まないポルフィリン，亜鉛（Zn），マグネシウム（Mg），白金（Pt）などの金属ポルフィリンにおいては，電子遷移（① 基底状態→励起一重項状態）を経て，a) 発光による放射（③-1) 蛍光発光および ③-2) りん光発光)，b) 光化学反応（④-1) 励起一重項状態からの光化学反応および ④-2) 励起三重項状態からの光化学反応）などが生じ，a) では発光を利用しての癌の診断薬（この療法を photo-dynamic diagnosis, PDD という），有機エレクトロルミネセンスなどの材料に，および b) では酸素分子へのエネルギー変換を応用した癌の**光線力学療法**（photo-dynamic therapy, PDT）などに応用されている。詳細は後述する。

3.4.2 配位子の反応

金属イオンへの配位子の結合，それによる新規の錯体形成，配位子～金属イオン間の電荷移動（特に配位子上の電子状態変化），さらに錯体と外部基質との反応，それに伴う新規の結合形成，配位子～金属イオン間の電荷移動（特に配位子上の電子状態変化）などが生じる。これより一般的に生じにくい有機反応を進行させることができる。例えば，配位による脱プロトン化反応，配位子上における親電子置換反応など，配位したエステル，アミド，ペプチドなどの加水分解反応，金属イオン（あるいは金属錯体）配位子を利用した**鋳型反応**

(template reaction), オレフィンの重合触媒などに代表される触媒反応などがある。例えば, 鋳型反応の例として式 (3.49) ~ (3.52) を示す。

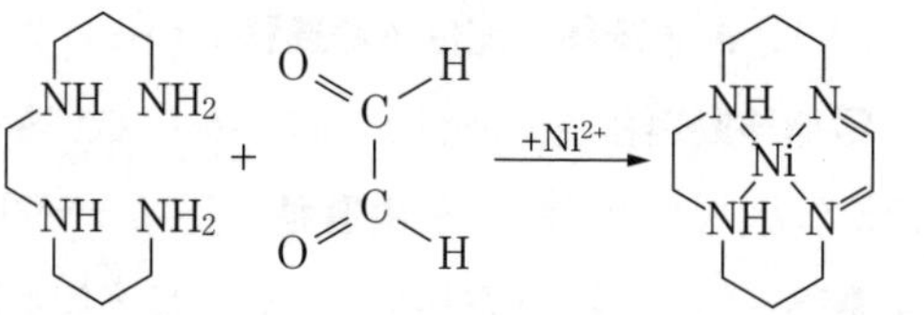

(3.49)

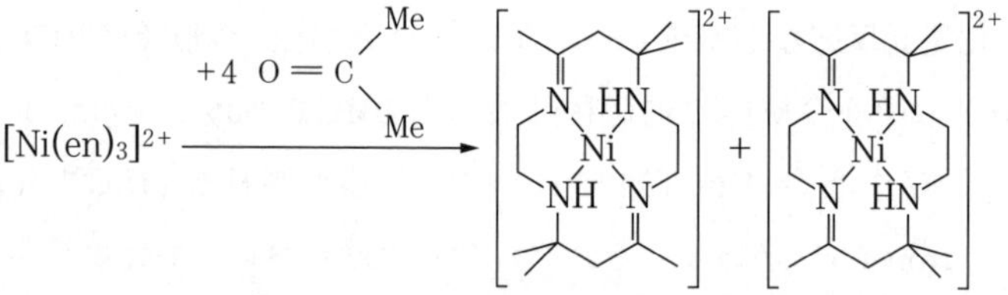

(3.50)

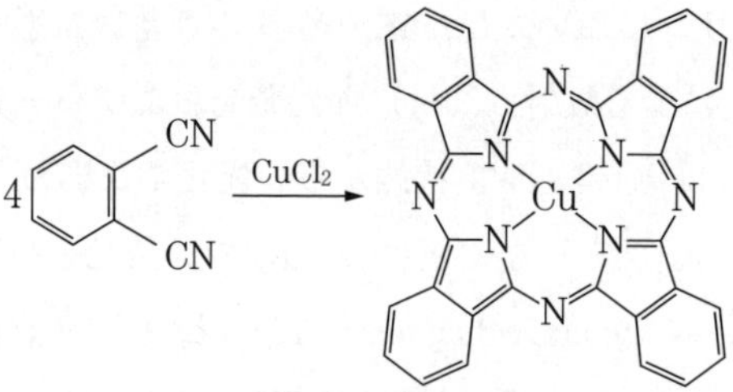

(3.51)

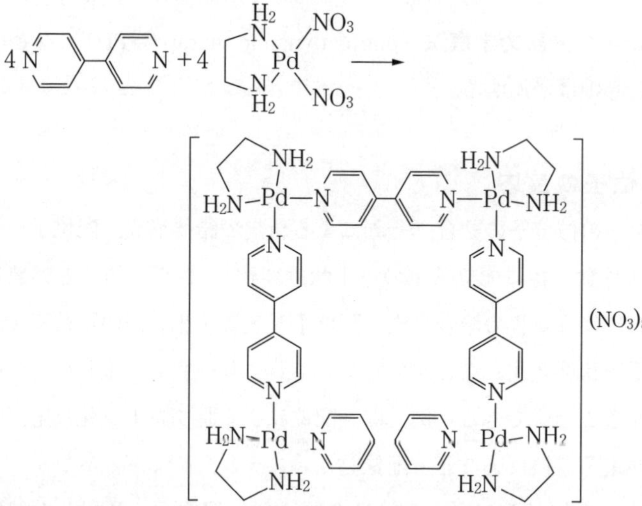

(3.52)

式(3.49)のように Ni^{2+} イオン存在下においてテトラミンとグリオキサールの反応を試みると大環状 Ni 錯体が得られる．また，このような大環状 Ni 錯体は式(3.50)のように1分子のトリスエチレンジアミン $Ni(II)$（$[Ni(en)_3]^{2+}$）と4分子のアセトンからも得ることができる（アンドール型の縮合を含む鋳型反応）．これらの反応は Cu^{2+}，Fe^{3+} などの遷移金属イオン，金属錯体でも同様に生じる．また，1分子の Cu^{2+} と4分子の1,2-フタロニトリルから $Cu(II)$ フタロシアニンを得ることができる（環化，縮合反応による鋳型反応，式(3.51)）．これは後述する顔料として多用されている．また，最近では金属イオン（あるいは金属錯体）と配位子から特異な立体構造を有する，さらには超分子的な規則的配列構造，分子集合構造などを有する金属錯体も合成されている（式(3.52)）．詳細は5.1.4項〔2〕でも述べる．

引用・参考文献

［章全体］
- シュライバー，アトキンス著，玉虫伶太，佐藤 弦，垣花正人訳：シュライバー無機化学（第3版）（上），（下），東京化学同人（2001）
- 基礎錯体工学研究会編：新版 錯体化学—基礎と最新の展開，講談社（2002）
- 松林玄悦，黒沢英夫，芳賀正明，松下隆之：錯体・有機金属の化学，丸善（2003）
- 水町邦彦，福田 豊：プログラム学習 錯体化学，講談社サイエンティフィク（1991）
- 佐々木陽一，柘植清志：錯体化学，裳華房（2009）
- 増田秀樹，福住俊一編著：生物無機化学，三共出版（2005）
- 柴田雄次，木村健二郎監修：無機化学全書別巻 錯体，丸善（1981）
- 山崎一雄，中村大雄：錯体化学，裳華房（1984）
- 山川浩司，松島美一，久留正雄：有機金属錯体の化学，講談社サイエンティフィク（1985）
- F. Basolo, R. C. Johnson 著，山田祥一郎訳：配位化学—金属錯体の化学 第2版，化学同人（1987）

［図表］
1) シュライバー，アトキンス著，玉虫伶太，佐藤 弦，垣花正人訳：シュライ

バー 無機化学（第 3 版）（上）（下），p.370，東京化学同人（2001）を参考に改変して記載

2） (a) 松林玄悦，黒沢英夫，芳賀正明，松下隆之：錯体・有機金属の化学，p.47，丸善（2003），(b) 山崎一雄，中村大雄：錯体化学，p.200，裳華房（1984）および (c) 佐々木陽一，柘植清志：錯体化学，p.127，裳華房（2009）をまとめて記載

3） (a) 松林玄悦，黒沢英夫，芳賀正明，松下隆之：錯体・有機金属の化学，p.49，丸善（2003）および (b) 水町邦彦，福田 豊：プログラム学習 錯体化学，p.122，講談社サイエンティフィク（1991）を参考に改変して記載

4 錯体の電子状態と構造・物性

2章で理論を述べた電子状態は，錯体の構造により決定付けられ，錯体の物性に影響をもたらす。本章ではまず多様な錯体の立体構造や異性体を紹介し，つぎに群論を用いて構造の対称性を見通しよく扱う。構造・物性を知る実験的な方法として，X線結晶構造解析とその実例，そして電子スペクトル，X線スペクトル，電子スピン共鳴スペクトルといった分光学的方法や，磁性測定について紹介する。

4.1 錯体の配位数と立体構造

4.1.1 配位数と配位構造

金属イオン周辺の**配位構造**（coordination geometry）の自由度が大きく，錯体の構造には多様性が見られる。配位数は2から12の錯体が知られており，イオン半径や立体的要因による。同じ配位数でも異なる配位構造をとるのは，立体的あるいは電子的要因で望ましい構造が選ばれるためである。**表4.1**に立体構造に関する**配位多面体**（coordination polyhedra）記号を示す。また電子状態と結び付ける議論には，対称性を**点群**（point group）で表して整理すると見通しが良い。

二配位錯体は，配位原子-金属-配位原子が180°の結合角の直線構造をとり，任意の回転角で対称性を持つ。$[Ag^I(CN)_2]^-$，$[Au^I(CN)_2]^-$，$Hg^{II}Cl_2$ などの例では，d^{10} 電子配置の金属イオンが ds 混成軌道の配位結合をすると，その方向の電子密度が増大して，他方向の配位子の接近を妨げる。$Pd^0(tert\text{-}Bu_3P)_2$，$Pd^0(Ph\,tert\text{-}Bu_2P)_2$ では，かさ高い**ホスフィン**（phosphine）配位子 PR_3 の立体

表 4.1 立体構造を表す配位多面体記号（IUPAC 2005 の日本語版）

多面体記号	英　語	日本語
L-2	linear	直線
A-2	angular	折れ線
TP-3	trigonal plane	三角形
TPY-3	trigonal pyramid	三方錐
TS-3	t-shape	T-型
T-4	tetrahedron	四面体
SP-4	square plane	平面四角形
SPY-4	square pyramid	正方錐
SS-4	see-saw	シーソー
TBPY-5	trigonal bipyramid	三方両錐
SPY-5	square pyramid	正方錐
OC-6	octahedron	八面体
TPR-6	trigonal prism	三方柱
PBPY-7	pentagonal bipyramid	五方両錐
OCF-7	octahedron, face monocapped	一冠八面体
TPRS-7	trigonal prism, square-face monocapped	四角面一冠三方柱
CU-8	cube	立方体
SAPR-8	square antiprism	正方ねじれ柱
DD-8	dodecahedron	（三角）十二面体
HBPY-8	hexagonal bipyramid	六方両錐
OCT-8	octahedron, *trans*-bicapped	トランス-二冠八面体
TPRT-8	trigonal prism, triangular-face bicapped	三角面二冠三方柱
TPRS-8	trigonal prism, square-face bicapped	四角面二冠三方柱
TPRS-9	trigonal prism, square-face tricapped	四角面三冠三方柱
HBPY-9	heptagonal bipyramid	七方両錐

障害でさらなる配位が妨げられている。

三配位錯体は，立体障害を軽減する同一平面上にある正三角形の配位構造であることが多い。$[NEt_4]_2[Cu^I(SPh)_3]$，$[Ag^I(C_4H_8S)_2](BF_4)$ などの例では，d^{10} 電子配置の金属イオンの sp^2 混成軌道を作り，正三角形となる。ただし，潜在的にさらなる配位も可能だが，立体障害で妨げられて三配位にとどまっている場合もある。しばしば，組成的に三配位のようでも，固体中で架橋構造をとるもの（$CsCuCl_3$ の Cu は四配位）や，気相中で二量体構造をとるもの（$AlCl_3$ でなく $(AlCl_3)_2$ の Al は四配位）があるので，実際の構造に注意して配位数を判断することが必要である。

四配位錯体では，四面体型構造（T_d 対称）が配位子間の反発が小さく，立

体的には有利な配位構造となる。この配位結合の様式は，sp^3 混成軌道で説明される。d^{10} 電子配置のように電子的要因で配位構造が決まらない金属イオン（Zn(II)，Cd(II)，Hg(II)）や，閉殻電子配置の典型元素イオン（Be(II)，B(III)，Al(III)，Ga(III)）の錯体では，四面体型構造をとることが多い。また，第一遷移金属イオンを含む $Ti^{IV}Cl_4$，$[CrO_4]^{2-}$，$[MnO_4]^{2-}$ などの高酸化数の錯体や，$[V^{II}Cl_4]^{2-}$，$[Mn^{II}Cl_4]^{2-}$，$[Fe^{II}Cl_4]^{2-}$，$[Co^{II}Cl_4]^{2-}$，$[Ni^{II}Cl_4]^{2-}$ などの錯体では，正四面体型構造が知られている。

一方，四配位平面型構造（D_{4h} 対称）の錯体は，おもに dsp^2 混成軌道での電子的要因で配位構造を選んでいる。配位子の立体反発や混み合いは，四面体型より不利である。典型的な例は d^8 電子配置の金属イオン（Ni(II)，Pd(II)，Pt(II)，Au(III)）を含む，$[Ni^{II}(CN)_4]^{2-}$，$[Pt^{II}Cl_4]^{2-}$，$[Au^{III}Cl_4]^{-}$ などの錯体が知られている。しかし，配位構造がわずかなエネルギーで変化する $3d^9$ 電子配置の Cu(II) の $A[Cu^{II}Cl_4]$ 錯体は，かさ高いカチオン A や，水素結合で安定化される場合には，結晶中で四面体型でなく平面型をとることが知られている。

ところが，3d 軌道を用いる第一遷移金属イオン（Co(I)，Ni(II)，Cu(III)）では，d^8 電子配置でも四配位四面体型の場合がある（$[Ni^{II}X_2(PPh_3)_2]$ では X=Cl は四面体型，X=Br は平面型）。また平面型構造は，立体的に安定でなく，空いたアキシャル位に第 5 あるいは第 6 の配位子が結合しやすい構造である。さらに，ゆるやかに非共有電子対の影響を受ける $[SbCl_4]^{-}$ などでは，四面体型でも平面型でもない，いわば擬似的な五配位構造をとる例が知られている。

五配位錯体では，三方両錐型構造（D_{3h}）と四角錐型構造（C_4）が知られている。三方両錐型には，$[Cu^{II}Cl_5]^{3-}$ や $[Cd^{II}Cl_5]^{3-}$ などの例があり，sp^3d 混成軌道で説明される。$3d^9$ 電子配置の前者で**アキシャル**（axial）位より**エクアトリアル**（equatorial）位の Cu-Cl 結合が長いのは，アキシャル位の d_{z^2} 軌道以外は電子対で占められ電子反発が強いためである。なぜなら $3d^{10}$ 電子配置の後者では両方の Cd-Cl 結合長がほぼ等しいからである。

四角錐型の方が三方両錐型よりもエネルギー的に有利であるが，それほど差はなく，配位子間の立体反発，配位原子の電気陰性度，電子間の反発（非共有

電子対と共有電子対の反発，金属d電子と配位子共有電子対の反発）などにより左右される。[Cr(en)$_3$][Ni^{II}(CN)$_5$]・1.5H$_2$Oの結晶中では，四角錐型と三方両錐型の[Ni^{II}(CN)$_5$]$^{3-}$が両方存在する例は，小さなエネルギー差を示唆する。溶液中では**ベリー擬回転**（Berry pseudorotation）のメカニズムにより配位子の位置を入れ替えて，四角錐型と三方両錐型の相互変換が可能である。

六配位錯体では，八面体型構造（O_h）が典型的である。配位結合の様式はsp^{3}d^{2}混成軌道で説明されるが，原点に金属イオンを置き，x, y, z軸上の正・負それぞれ等距離に六つの配位原子を置いた，立体的にも反発の小さい立体構造である。d^{6}電子配置のCo(III)錯体やd^{3}電子配置のCr(III)錯体では，安定化されるt$_{2g}$軌道の電子数が多く，配位子場安定化エネルギーの面でも有利で，化合物例も多い。

基本となる正八面体型構造から，特定の軸方向を伸ばしたひずんだ配位構造や，回転させたねじれ配位構造もある。前者にはd^{9}電子配置のCu(II)錯体のあるヤーン・テラーひずみの例がある。ひずみで軌道の縮重を解くように変形した後のエネルギー準位の方が，配位子場安定化エネルギーが大きくなると電子的に説明できる。後者には [M(S$_2$C$_2$Ph$_2$)$_3$]（M = Re^{II}, Mo^{IV}, W^{IV}, V^{IV}, Zr^{IV}）で知られる，（上下2枚の正三角形が重なり合うところから少しねじれる）三角プリズム型構造の例がある。正八面体型構造よりも配位原子間の立体反発が大きく不利であるが，配位結合の共有結合性が強く方向指向性が増していると電子的に説明できる。

七配位錯体には，五角両錐型（五角形面の上下に一つずつ配位原子がある），一面心八面体型（六配位八面体型の一つの面に第7の配位原子を加える），一面心三角プリズム形（六配位八面体型の一つの四角形面に第7の配位原子を加える）が知られている。五角両錐型には[V(CN)$_7$]$^{4-}$，そしてNa$_3$[Zr^{IV}F$_7$]の[Zr^{IV}F$_7$]$^{3-}$などの例があり，一面心三角プリズム形には[NH$_4$]$_3$[Zr^{IV}F$_7$]の[Zr^{IV}F$_7$]$^{3-}$などの例があり，一面心八面体型には[Nb^{V}OF$_6$]$^{3-}$の例がある。Na$_3$[Zr^{IV}F$_7$]と[NH$_4$]$_3$[Zr^{IV}F$_7$]の違いは，結晶中でのカチオンの水素結合であるから，A[Cu^{II}Cl$_4$]の場合と同様に，結晶のパッキングに基づく立体的効果のために，電子的

な要因によるエネルギー差は小さいと考えられる。

八配位には，立方体型（中心に金属イオン，立方体の8頂点に配位原子がある。$Na_3[UF_8]$ などの例），十二面体型（立方体型から正方形面を少しねじる。$[Mo(CN)_8]^{4-}$，$[W(CN)_8]^{4-}$），四角ねじれプリズム型（立方体型から正方形面を45°程度までかなりねじる。$[TaF_8]^{3-}$，$[ReF_8]^{2-}$ などの例）が知られている。第二，第三遷移元素のように大きなイオン半径で，d^0，d^1，d^2 電子配置になるよう +3 以上の高酸化数の金属イオンで，配位子間の立体障害がない場合に，8以上の高配位数の錯体が得られる。

さらに九配位では，一面心四角ねじれプリズム型（八配位立方体型の一つの面に第9の配位原子を加えてねじる）や，$[Sm^{III}(H_2O)_9]^{3+}$ などの三面心三角プリズム型（六配位三角プリズム型の三つの正方形面にそれぞれ配位原子を加える）が知られている。十配位以上ではランタノイド・アクチノイドの錯体の例が中心で，十二配位錯体で最も高対称なものは正二十面体型となる。

4.1.2 異　　　性

ある組成を持つ錯体の配位数と配位構造が既知でも，立体構造や結合が異なり，別の化合物すなわち異性体となりうる。四配位の例では，組成式が同じ四配位平面型の A-M-A（または B-M-B）の角度が $trans$-$[MA_2B_2]$ では 180°であるのに対して，cis-$[MA_2B_2]$ では 90°となり（シス・トランス）幾何異性体の関係にあるという。また，トランス体は D_{2h} 対称であるが，シス体では対称性が低下するため，対称性に基づく分光学的性質や結晶構造にも違いが現れる。

珍しいものでは，原子間の結合様式が同じであるにもかかわらず立体構造が異なる，配位多面体異性が知られている。図 4.1 のような**シッフ塩基**（Schiff base）を配位子とする錯体では，置換基 R の立体障害と置換基 X の電子供与（あるいは吸引）性により，取りやすい立体構造が決まる。室温では四配位平面型構造であるが，加熱されると構造相転移をして四面体型構造に変形する。また，固体中では平面型でも，溶液にすると，さらに溶液でも**クロロホルム**（chroloform）や**アセトン**（acetone）など溶媒が変化すると，**ソルバトクロミ**

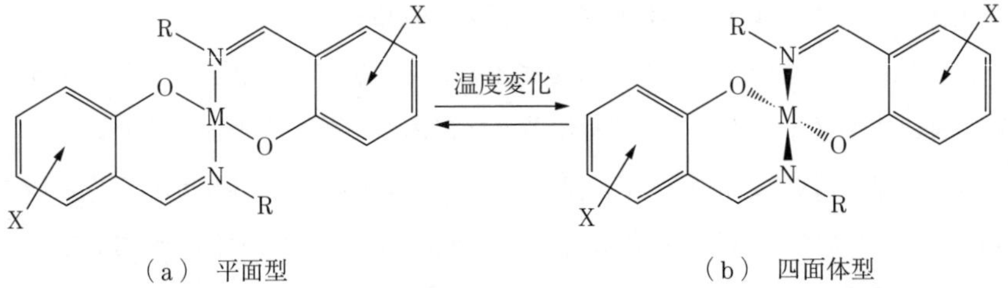

(a) 平面型　　　　　　　　　(b) 四面体型

図 4.1 シッフ塩基の配位多面体異性

ズム (solvatochromism) を示し，溶液の色が変化する。いずれも **IR スペクトル** (infrared spectra) では，C=N 結合のピークが $1\,600\,\text{cm}^{-1}$ 付近に観測されるが，配位構造が変化すると，d 軌道の分裂様式が異なるために錯体の色も変わる。

以下ではおもに，六配位八面体型錯体を題材にして，異性について例示する。幾何異性の代表例に，シス・トランス異性がある。すでに 1 章の図 1.3 に示したように，A-M-A の角度が $trans$-$[MA_2B_4]$ では $180°$ であるのに対して，cis-$[MA_2B_4]$ では $90°$ となる。プラセオ塩やビオレオ塩のように，色が異なるので容易に区別できる。

置換活性な Co(II) で配位子交換してから置換不活性な Co(III) への酸化，塩酸を加えて pH 調整，濃縮，冷却，洗浄，溶解，**カラムクロマトグラフィー** (column chromatography) (充填剤の例として，多糖類ゲル SP-Sephadex-25) を用いたシス・トランス体の分離，といったプロセスを経て，幾何異性体を合理的に合成することができる。

$$\text{Co}^{II}\text{Cl}_2 + 2\text{en} + \text{H}_2\text{O}_2 \longrightarrow trans\text{-}[\text{Co}^{III}(\text{en})_2\text{Cl}_2]\text{Cl}\ (\text{緑色}) \qquad (4.1)$$

$$trans\text{-}[\text{Co}^{III}(\text{en})_2\text{Cl}_2]\text{Cl}\ (\text{緑}) \longrightarrow cis\text{-}[\text{Co}^{III}(\text{en})_2\text{Cl}_2]\text{Cl}\ (\text{紫色}) \qquad (4.2)$$

生成物の確認は可視紫外スペクトルなどで行う。シス・トランス異性体の間には，色のほかにも配位子交換反応速度にも差がある。

異性体や立体化学に着目する金属錯体合成は，ウェルナーによる配位説の検証実験にルーツがあるが，現代でも少なくとも次ページ (1) ～ (3) には注意すべきである。

4.1 錯体の配位数と立体構造

（1） 金属イオン

酸化数，酸化・還元，電子数，電子配置などにより，各金属で反応性や安定性，得られる物性（機能）が異なる。

（2） 反応条件

溶媒，温度，窒素またはアルゴン置換（**シュレンク管**（Schlenk flask）など），反応時間，静置または撹拌，pH などを適切になるように調整する。

（3） 分離，精製

溶媒で洗浄 → 未反応物，副生成物の除去，濃縮 → 粉末の析出（分離），カラムクロマトグラフィー，再結晶 → 精製した生成物の手順で分離・精製する。

三座配位子では，*mer*, *fac* の幾何異性体を定義でき，四座配位子では *cis-α*, *cis-β* の幾何異性体がある（**図 4.2**）。

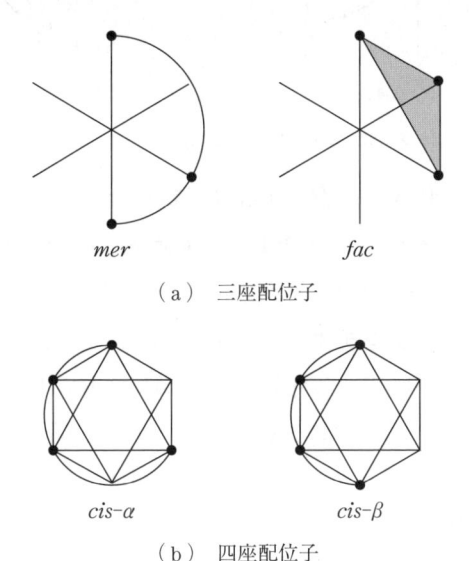

mer   *fac*

（a） 三座配位子

cis-α   *cis-β*

（b） 四座配位子

図 4.2 三座配位子と四座配位子の幾何異性体

光学異性も有機化合物と同様に，4.3.1 項で後述する群論で表される S_n 軸を持つ鏡像関係の異性体の**旋光性**（optical rotation）（偏光の回転方向）だけの違いを旋光計や CD スペクトルあるいは結晶構造から確認できる。すでに

ウェルナーの配位説で述べたヘキソール塩 [Co((OH)$_2$Co(NH$_3$)$_4$)$_3$] の例のように，六配位八面体型では金属周りの Δ/Λ 異性体が存在しうる（**図4.3**）。三回軸方向から見てキレート環が奥に行くほど時計回りに進むものを Δ，逆回りにねじれたものを Λ と呼ぶ。Δ/Λ の光学異性体を得るには，キラルなイオンなどとの結晶化，キラルクロマトグラフィー，酵素反応の利用といった，光学分割を用いる場合が多い。

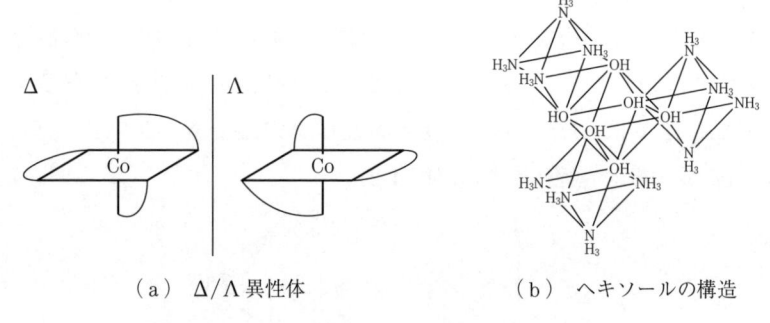

（a）Δ/Λ 異性体　　　　　　（b）ヘキソールの構造

図4.3　六配位八面体型 Co(Ⅲ) 錯体における光学異性

$$Co^{II}SO_4 + en + H_2O_2 \longrightarrow [Co^{III}(en)_3]^{3+} \text{ほか} \tag{4.3}$$

$$[Co^{III}(en)_3]^{3+} + SO_4^{2-} + O_2 + HCl \longrightarrow [Co^{III}(en)_3]SO_4Cl \text{ほか} \tag{4.4}$$

酒石酸（tartaric acid）(tart) を用いた光学分割では，例えば Λ(+)-[Co^{III}(en)$_3$][(+)-tart]Cl の**エナンチオマー**（enantiomer）結晶が析出する。一方，Δ(−)-[Co^{III}(en)$_3$][(+)-tart]Cl は析出困難で，Δ(−)-[Co^{III}(en)$_3$]$^{3+}$ は溶液中に残る（**図4.4**）。このように**ジアステレオマー**（diastereomer）を分離できる。CD や旋光度の符号では，エナンチオマーの区別はできるが，Δ，Λ のどちらかは，既知の**絶対配置**（absolute configuration）と対応させればわかる。

円偏光二色性（circular dichroism, CD）とは，キラルな物質が偏光を吸収するとき左円偏光と右円偏光に対して吸光度に差が生じる現象のことである。旋光性は一定波長の光に関するものであり，円偏光の波長に対して円偏光二色性の大きさをプロットしたものを **CD スペクトル**という。CD スペクトルが正のピークを示せば正の**コットン効果**（Cotton effect），負のピークなら負

※エナンチオマー，ジアステレオマー

```
    COOH       R, R
H ──┼── OH    [α]$_D^{20}$ +12.0
HO ──┼── H    融点 168〜170 ℃
    COOH       密度 $d$ = 1.759 8 〔g mL$^{-1}$〕
L-酒石酸

    COOH       S, S
HO ──┼── H    [α]$_D^{20}$ −12.0
H ──┼── OH    融点 168〜170 ℃
    COOH       密度 $d$ = 1.759 8 〔g mL$^{-1}$〕
D-酒石酸

    COOH       R, S
HO ──┼── H    [α]$_D^{20}$ 0
HO ──┼── H    融点 146〜148 ℃
    COOH       密度 $d$ = 1.666 〔g mL$^{-1}$〕
メソ-酒石酸
```

旋光度以外の物性は同じ

メソ-酒石酸
ジアステレオマー　　ジアステレオマー
D-酒石酸　エナンチオマー　L-酒石酸

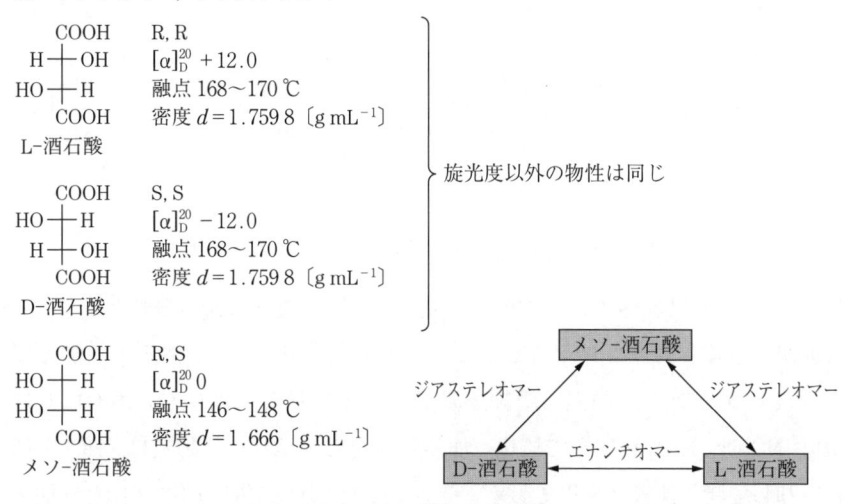

図 4.4　酒石酸と光学異性

のコットン効果という。鏡像異性体（エナンチオマー）の関係にある物質の間では，円偏光二色性は絶対値が等しく逆の符号になる。

金属と配位原子の結合様式に関して結合異性がある。代表例は，両座（架橋）配位子ともなる NCS$^-$ イオンである（**図 4.5**）。N と S で好む金属イオンが違う。**HSAB 則**（hard and soft acid and base rule）で（原子半径が大きく分極しやすい）ソフトな S 原子は，四面体的な結合角でやはりソフトな金属イオンと結合しやすい。一方，ハードな N 原子は，やはりイオン半径が小さく分極しにくいハードな金属イオンと結合しやすい。

また，NO$_2^-$ イオン（**図 4.6**）の N 配位（ニトロ，3）と O 配位（ニトリト，

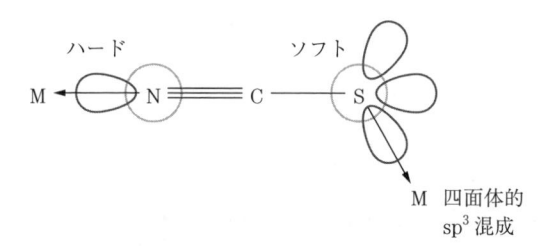

ハード　　　　　ソフト
M ← N ≡≡≡ C ─ S
　　　　　　　　　↓ M　四面体的
　　　　　　　　　　 sp^3 混成

図 4.5　結合異性する NCS$^-$ イオン

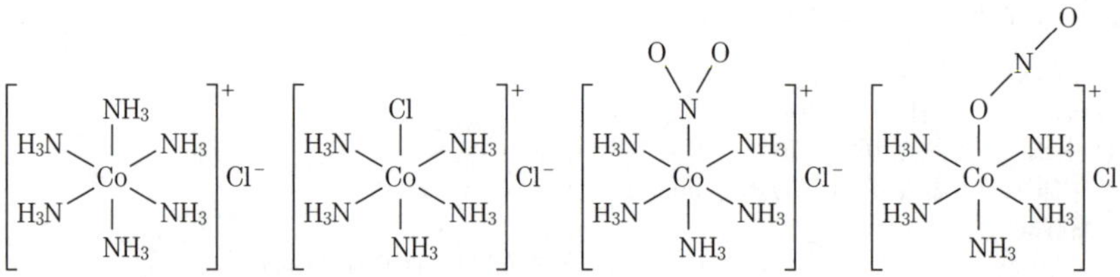

図4.6 ニトロ，ニトリト結合異性体の合成における生成物

4）は，紫外可視スペクトル（色）だけでなく IR スペクトル（振動モード）で区別ができる．合成プロセスとしては，まず $Co^{II}(H_2O)_6Cl_2$ に NH_4Cl を加えて活性炭バブリング，加熱，濃縮，濾過して1を得る．別に $Co^{II}(H_2O)_6Cl_2$ に NH_3，NH_4Cl，H_2O_2 を加えて酸化，加熱して得たスラリー状物質に，HCl を加え冷却して紫色沈殿2を得ておく．そして，2に $[CoCl(NH_3)_5]Cl_2$，NH_3 を加えて，HCl で pH4 に調整して，$NaNO_2$ と反応させ冷却して HCl を加えるとニトロ体沈殿3が得られる．一方で，2に $[CoCl(NH_3)_5]Cl_2$，NH_3 を加えて，HCl で pH7 に調整して，ニトリト体沈殿4が得られる．

　物質が特定のエネルギーの赤外光を吸収すると，振動あるいは回転の量子状態が変化する．このときの赤外光の波長と，吸収または反射した赤外光の強度（物質を透過する前後での強度比）をプロットしたグラフが IR スペクトルとなる．物質が赤外線を吸収する波長は，有機物の場合には官能基，あるいは金属錯体の場合では配位子だけでなく金属–配位原子の結合，に対してほぼ固有で，**指紋領域**と呼ばれる波長範囲に多く見られる．赤外線の吸収は，分子振動に伴って双極子モーメントが変化する場合に生じるので，対称心のある分子では禁制となる（逆に分極率の変化に基づく**ラマン分光法**（Raman spectroscopy）では許容となる）．

　金属と直接結合する配位子に関しては，配位異性（配位水と結晶水ならば水和異性）がある．配位異性は $[Co^{III}(NH_3)_6]^{3+}[Cr^{III}(CN)_6]^{3-}$ と $[Cr^{III}(NH_3)_6][Co^{III}(CN)_6]$，あるいは $[Co(NH_3)_{6-n}(NO_2)_n][Cr(NH_3)_n(NO_2)_{6-n}]$，$0 \leq n \leq 6$ （$n<3$）など複塩の例が多い．また，同じ組成式 $CrCl_3 \cdot 6H_2O$ であっても，緑色の *trans-*

[Cr(H$_2$O)$_4$Cl$_2$]・2H$_2$O，明るい緑色の [Cr(H$_2$O)$_5$Cl] Cl・H$_2$O，そして紫色の [Cr(H$_2$O)$_6$]Cl$_3$ の水和異性がある。

4.2 錯体の結晶構造

4.2.1 X線結晶構造解析の原理

　錯体にも異性体があり，配位構造など微妙な立体構造が重要となる。そこで最も正確に分子の立体構造を決定できるのは，X線結晶構造解析である。単結晶での**X線回折**（X-ray diffraction）は，**ブラッグの式**（Bragg equation）$2d\sin\theta = n\lambda$（ここで d は面間隔，θ は回折角，λ は X 線の波長）の関係が成り立つ面の反射強度 $I(h\ k\ l)$ が実測される。適当な位相を決めて $I(h\ k\ l) = F(h\ k\ l)^2$ となる構造因子 $F(h\ k\ l)$ を求め，実測から求めた構造因子と，ある構造モデルでの格子定数や原子座標から計算される構造因子の差が小さくなるように，構造モデルを修正・精密化していく計算を繰り返すと，原子間距離が 0.001 Å 程度の正確さで，結晶構造を決定できる（**図 4.7**）。

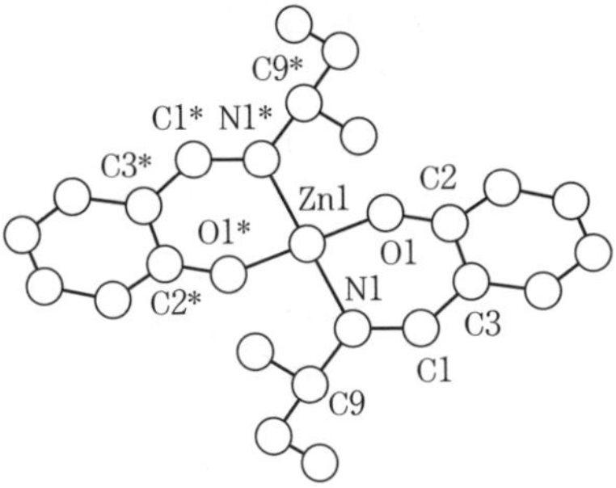

C$_{22}$H$_{28}$N$_2$O$_2$Zn, crystal size 0.15 mm×0.15 mm×0.12 mm, M_w = 417.83, tetragonal, space group $P4_32_12$, $a = b = 7.3166(6)$ Å, $c = 40.326(3)$ Å, $V = 2158.8(3)$ Å^3, $Z = 4$, $D_{calc} = 1.286$ mg/m^3, $F(000) = 880$, $R_1 = 0.0392$, $wR_2 = 0.1264$ (2656 reflections), $S = 1.046$, <u>Flack parameter = 0.03(3)</u> (where $R_1 = \Sigma\|F_o|-|F_c\|/\Sigma|F_o|$。$R_w = (\Sigma w(|F_o|-|F_c|)^2/\Sigma w|F_o|^2)^{1/2}$, $w = 1/(\sigma^2(F_o)+(0.1P)^2)$, $P = (F_{o2}+2F_{c2})/3$)。Selected bond lengths (Å) and angles (°) are as follows: Zn1-O1 = 1.9129(18), Zn1-N1 = 2.014(2), C1-N1 = 1.282(6), O1-Zn1-O1* = 120.73(14), O1-Zn1-N1 = 96.85(9), O1-Zn1-N1* = 113.50(8), N1-Zn1-N1* = 116.82(13)。

図 4.7　ひずんだ四面体型をとる光学活性 Zn(II) 錯体の X 線結晶構造

光学異性体の Δ, Λ 絶対構造の直接的な決定は，X線結晶構造解析だけが厳密に可能で，CDなどの分光学的手法は，むしろ相対的な判定方法といえる（例4.1）。構造因子 $F(h\,k\,l)$ と $F(\bar{h}\,\bar{k}\,\bar{l})$ は表裏の結晶面で等しいはずだが，光学活性な結晶では原子散乱因子の高次項の寄与（異常分散）のために等しくならない。この性質を利用して，構造モデルの精密化の際に，構造因子 $F(h\,k\,l)$ と $F(\bar{h}\,\bar{k}\,\bar{l})$ のどちらが妥当であるか，**フラック**（Flack）パラメーター（0なら正しい。1では逆のエナンチオマーなので構造モデルを反転すべき）で判断するのが，今日的なX線結晶構造解析での取扱い方である。

例 4.1 絶対構造 CDスペクトルとX線結晶構造解析の比較

●絶対構造

Δ, Λ

おもに以下の2種類の方法を使用し特定している（**図 4.8**, **図 4.9**）。

1) CDスペクトル
 ↓
 エナンチオマー
 逆符号，対称

※片方の絶対配置が判明していないと決定することができない。

図 4.8

2) X線結晶構造解析
 $F(h\,k\,l) \rightarrow F(\bar{h}\,\bar{k}\,\bar{l})$
 異常分散のズレ

フラックパラメーター
正しい　0
　　　　　反転
逆　　　1

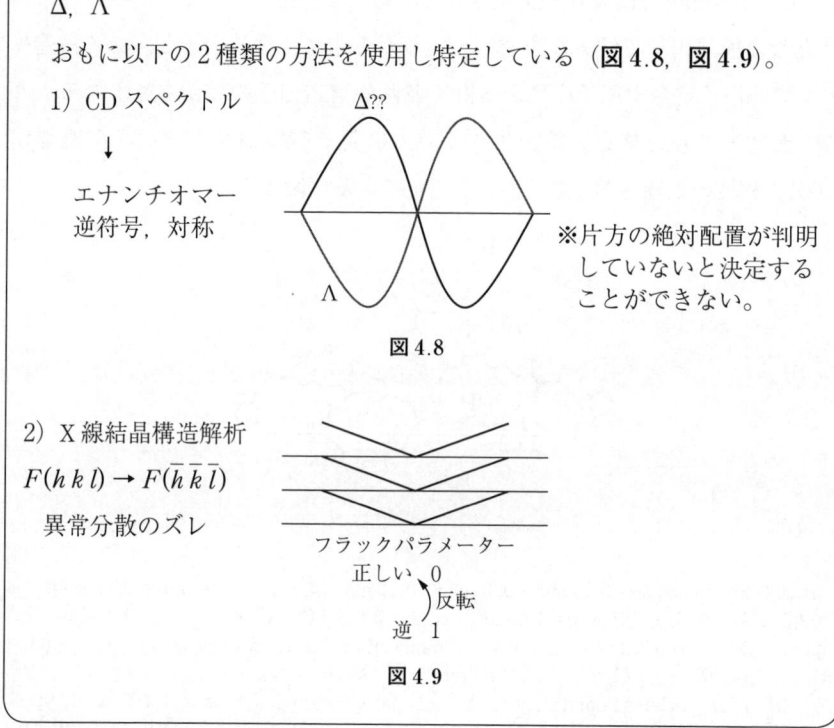

図 4.9

4.2.2 結晶構造の例

X線結晶構造解析による錯体の配位立体構造を決定する顕著な利点がある例を紹介する。有機化合物では，炭素原子周りの結合方向は，sp^3，sp^2，sp 混成軌道でそれぞれほとんど決められており，単結合間の回転以外には自由度がなく，NMR などで原子のつながり方さえわかれば，分子模型を組むなどすれば立体構造が理解できるケースが多い。これに対して，同じ有機配位子を有する，配位構造が柔軟な d^9 電子配置の Cu(II) 錯体と，立体反発を軽減する四面体型を好む d^{10} 電子配置の Zn(II) 錯体が結晶中に存在するが，トランス配位座にある原子間の結合角（配位環境の立体構造）が，かなり異なっている（**図 4.10**）。

（a）ほぼ平面型の Cu(II) 錯体の X 線結晶構造

（b）ひずみ四面体型の Zn(II) 錯体の X 線結晶構造

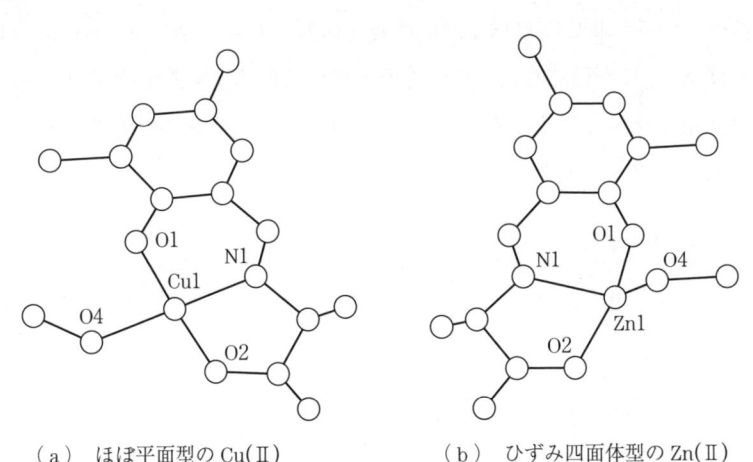

図 4.10 同じ光学活性有機配位子を有する四配位でも，(a) ほぼ平面型の Cu(II) 錯体 [N1-Cu1-O4 = 170.51(7)°，O1-Cu1-O2 = 175.74(6)°] と (b) ひずみ四面体型の Zn(II) 錯体 [O1-Zn1-O2 = 161.49(11)°，N1-Zn1-O4 = 102.20(12)°] の X 線結晶構造

4.3　群　　　論

4.3.1 分子の対称性

錯体分子の立体構造や分子軌道の対称性を議論するには，群論（点群）が便

利である。元の分子にある操作（**対称操作**（symmetry operation））を施した後の分子の各原子が，元の分子の各原子と同じ位置にあるならば，（その対称操作に対して）対称であるという。対称操作には，正三角形が（360°/3＝）120°回転で元と重なるような360°/n だけの（本義）回転（C_n），鏡で映した左右のてのひらのように Δ/Λ エナンチオマーなど対称面に対する鏡映（σ），本義回転に引き続き鏡映する（転義）回転（S_n）または回映，そして何もしない（数学的体系に不可欠な）恒等（E）の対称操作がある。本義回転軸，鏡映面などを**対称要素**（symmetry element）といい，さらに，対称な（x, y, z）と（$-x, -y, -z$）に関する原点のような対称心（i）がある。

ある分子にどんな対称操作が含まれるかをまとめて，ある点群に属する対称性を持つという。特に高対称な四配位四面体型（T_d），六配位八面体型（O_h），二十面体型（I_h）だけでなく，ひずんだ六配位八面体型や四配位平面型（D_{4h}）などは，錯体化学でよく使う点群である。図 4.11 に代表的な分子と点群（図（a）には E 以外の対称操作を記入）を示す。

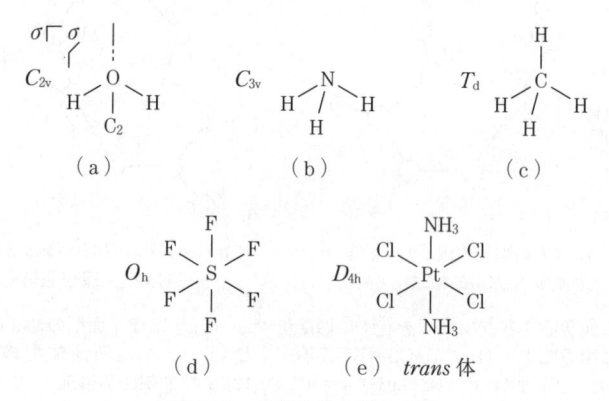

図 4.11 代表的な分子と点群

ここでは体系的な点群判定法は省くが，点群の分類を簡便に説明する。まず，直線分子（$D_{\infty h}, C_{\infty v}$）や高対称（$T, T_d, O, O_h, I, I_h$）の特殊な点群を判断する。続いて回転軸のない点群（C_1, C_s, C_i）を判断する。続いて n が偶数の S_n 軸だけあるもの（S_4, S_6, S_8 など）を判断する。そして C_n 軸があるも

のから，これに垂直な C_2 軸がないもので σ_h，σ_v (σ_d)，σ のないものをそれぞれ $C_{n\mathrm{h}}$，$C_{n\mathrm{v}}$，C_n とする。一方，C_n 軸に垂直な C_2 軸があるもので σ_h，σ_v (σ_d)，σ のないものをそれぞれ $D_{n\mathrm{h}}$，$D_{n\mathrm{d}}$，D_n とする。

つぎの ① から ⑨ の対称性を調べて，分子の対称性や点群に慣れてほしい。

① $[\mathrm{Ag(CN)_2}]^-$ $D_{\infty\mathrm{h}}$
② $[\mathrm{Hg(CH_3)Cl}]$ $C_{\infty\mathrm{v}}$
③ $cis\text{-}[\mathrm{PtCl_2(NH_3)_2}]$ $C_{2\mathrm{v}}$
④ $[\mathrm{Fe(C_2H_5)_2}]$（重なり型） $D_{5\mathrm{h}}$
⑤ $[\mathrm{CoCl_2(NH_3)_2}]^{2-}$ $C_{2\mathrm{v}}$
⑥ $[\mathrm{Co(en)_3}]^{3+}$ D_3（キレート配位子を考慮）
⑦ $[\mathrm{PtCl_4}]^{2-}$ $D_{4\mathrm{h}}$
⑧ $trans\text{-}[\mathrm{Cu(NH_3)_6}]^{2+}$ $D_{4\mathrm{h}}$（ヤーン・テラーひずみを考慮）
⑨ $[\mathrm{PtCl_6}]^{2-}$ O_h

群（点群）には，分子の形や対称性を単に記号で表せるだけでなく，数学的な関係を利用できる大きな利点がある。一般に「群とは一定の規則の要素（対称要素）の集合」である。二つの要素の**積**（product）（連続した対称操作，あるいは対称操作での三次元原子座標の移動を行列で表現すればその積）は群の要素であり

・$X = XE = EX$ となる恒等要素（E）がある
・結合則 $A(BC) = (AB)C$ が成り立つ
・$RS = SR = E$ となる逆要素（$R^{-1} = S$）があり，$(ABC)^{-1} = C^{-1}B^{-1}A^{-1}$

といった性質がある。点群の対称操作は群をなし，要素の個数を**位数**（order）と呼ぶ。対称性群を行列で表現したとき，対角項の和を**指標**（character）と呼び，表現とともに**指標表**（character table）にまとめられて，点群の物理的性質を代表する対称記号や数となる。

4.3.2 点群の利用

点群の電子状態への利用例として，指標，（既約・可約）表現，直積などの

厳密な定義や数学的な性質はなるべく省略して（他書を参照），紫外可視（電子）スペクトル（UV-visible（electronic）spectra）の解釈における使われ方を紹介する．省略も多いので，話の流れと雰囲気だけを追ってほしい．

例えば，O_h対称のd^1電子配置の$[Ti^{III}(H_2O)_6]^{3+}$のd-d遷移の場合，$(t_{2g})^1(e_g)^0$の基底状態（Ψ_g）から$(t_{2g})^0(e_g)^1$の励起状態（Ψ_e）へ，配位子場分裂Δ_Oに相当するエネルギー（波長）の光を吸収して電子が励起される．これは**電気双極子遷移**（electric dipole transition）なのでer（eは電気素量）と状態を表す波動関数の積分$\langle\Psi_e|er|\Psi_g\rangle$が値を持つ（**許容**（allowed））かゼロとなるか（**禁制**（forbidden））で，**選択律**（selection rule）が決まる（例4.2）．実際の定量的な積分値は別にして，定性的にゼロか否かは，O_h対称におけるΨ_eとerとΨ_gの直積（既約表現の掛け算）が**全対称**（totally symmetric）表現（A_{1g}）を含むか否かで，群論から簡単にわかる．ここで軌道の対称性の表現は小文字，状態は大文字で表す．状態とスペクトル項（弱い場や原子）の違いにも注意が必要である．

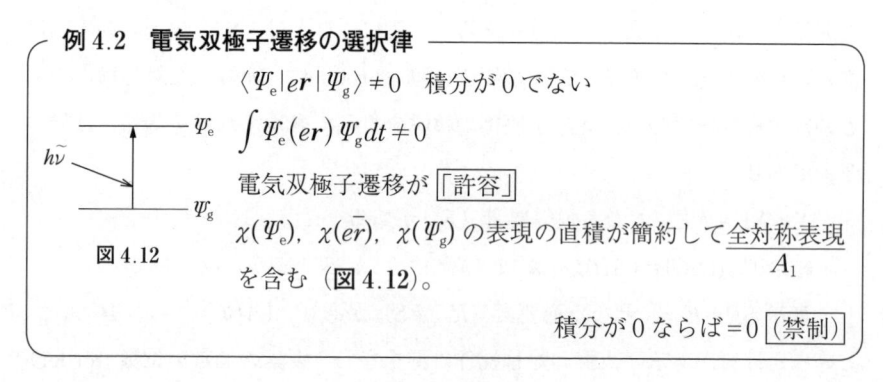

例4.2　電気双極子遷移の選択律

$\langle\Psi_e|er|\Psi_g\rangle\neq 0$　積分が0でない

$\int\Psi_e(er)\Psi_g dt\neq 0$

電気双極子遷移が「許容」

図4.12

$\chi(\Psi_e)$，$\chi(\overline{er})$，$\chi(\Psi_g)$の表現の直積が簡約して全対称表現 A_1 を含む（図4.12）．

積分が0ならば=0　禁制

例えば，教科書などにあるC_{4v}点群の指標表（**表4.2**上段）から，既約表現の**直積**（direct product）（対称操作ごとの指標の積）を計算すると，表4.2下段のようになる．なお，$E\times E=A_1+A_2+B_1+B_2$では，対称操作ごとの指標の和の形で表し直す簡約をしたために，直積が全対称表現（A_1）を含むことがわかりやすい．

ところで，O_h対称のように対称心を持つ錯体では，d軌道は中心対称性を

表 4.2 C_{4v} 点群の指標表と直積の例

C_{4v}	E	C_2	$2C_4$	$2\sigma_v$	$2\sigma_d$	
A_1	1	1	1	1	1	
A_2	1	1	1	-1	-1	
B_1	1	1	-1	1	-1	
B_2	1	1	-1	-1	1	
E	2	-2	0	0	0	
$A_1 \times A_2$	1	1	1	-1	-1	$\therefore A_1 \times A_2 = A_2$
$B_1 \times E$	2	-2	0	0	0	$\therefore B_1 \times E = E$
$A_1 \times E \times B_2$	2	-2	0	0	0	$\therefore A_1 \times E \times B_2 = E$
$E \times E$	4	4	0	0	0	$\therefore E \times E = A_1 + A_2 + B_1 + B_2$

持ち（偶対称。$_g$ で表す），双極子モーメントベクトル er は奇対称であるから，d-d 遷移を評価する積分 $\langle \Psi_e | er | \Psi_g \rangle$ は値を持たず禁制となる。しかし，弱いながらも d-d 遷移は現実に起こる。これは，**振電相互作用**（vibronic coupling）と呼ばれる，分子振動により厳密な対称性が崩れてわずかに遷移許容になることによるもので，理論的には振動と電子の波動関数の結合として扱われる。

例えば O_h 対称の d^6 電子配置の $[\text{Co}^{III}(\text{NH}_3)_6]^{3+}$ の場合，座標 x, y, z（注：er の $r = (x, y, z)$ は三次元ベクトルでこの各軸成分）はいずれも T_{1u} 既約表現である。基底状態（Ψ_g）は $^1A_{1g}$，二つの励起状態（Ψ_e）は $^1T_{1g}$ と $^1T_{2g}$ なので，$\langle \Psi_e | x | \Psi_g \rangle$, $\langle \Psi_e | y | \Psi_g \rangle$, $\langle \Psi_e | z | \Psi_g \rangle$ はいずれもゼロで，d-d 遷移は禁制となる。

ところが，O_h 対称の**基準振動モード**（normal vibration mode）は A_{1g}, E_g, $2T_{1u}$, T_{2g}, T_{2u} であり，T_{1u} か T_{2u} との直積をとる（物理的には電子励起に基準振動モードを結合させる同時励起）と，全対称表現（A_{1g}）を含むので，d-d 遷移は許容される（例 4.3）。

双極子モーメントベクトル er を x, y, z 方向成分に分離して扱うと，d-d 遷移の許容・禁制が偏光方向（E）によって区別される。偏光顕微鏡下での単結晶試料の観察と同様に，結晶二色性スペクトルでは，偏光の電気ベクトル E の x, y, z 方向を分極させて詳細な解釈や帰属が可能になる。

> **例 4.3 振電相互作用**
>
> $[\text{Co}^{\text{III}}(\text{NH}_3)_6]^{3+} : O_h$：座標 (x, y, z)　　T_{1u}
> ↑
> d^6
>
> 　　　基底状態　X_g　$^1A_{1g}$　　スピン　$s = 0$
>
> 二つの励起状態　X'_e　$^1T_{1g}$　,　$^1T_{2g}$
>
> ・$^1A_{1g} \rightarrow {}^1T_{1g}$ 遷移
>
> 　　　直積表現 $X'_e(x, y, z)X_g$
>
> 　　　　　　　　$= T_{1g} \times T_{1u} \times A_{1g} = T_{1g} \times T_{1u}$
>
> A_{1g} がない → $= A_{1u} + E_u + T_{1u} + T_{2u}$　　　　（簡約）
>
> 　（禁制）
>
> O_h　AB_6 型の基準振動のうち，T_{1u} あるいは，T_{2u} 対称の振動の同時励起があると，遷移は許容される．
>
> $$T_{1g} \times T_{1u} \times A_{1g} \otimes \underset{\text{振動}}{\overset{\text{直積}}{\begin{matrix}T_{1u}\\T_{2u}\end{matrix}}} = \underset{\text{直和（簡約）}}{\overset{\text{全対称表現}}{\boxed{A_{1g}} \oplus \cdots}}$$

例として $trans\text{-}[\text{Co}(\text{en})_2\text{Cl}_2]^+$ 錯体を考えるが，これも d^6 電子配置なので，基底・励起状態は配位子場分裂した d 軌道だけでなく軌道やスピンを区別した電子状態を考慮することに注意が必要である．基底状態の既約表現は $^1A_{1g}$ であり，励起一重項状態は $^1T_{1g}$, $^1T_{2g}$ だが，それぞれ $A_{2g} + E_g$, $B_{2g} + E_g$ に分裂するため，可能な電子遷移は $A_{1g} \rightarrow A_{2g}$, $A_{1g} \rightarrow B_{2g}$, $A_{1g} \rightarrow E_g$ となる．さらに基準振動モードは，$2A_{1g}$, B_{1g}, B_{2g}, E_g, $2A_{2u}$, B_{1u}, $3E_u$ である．

純粋な電気双極子積分（$\langle \Psi_e | x | \Psi_g \rangle$, $\langle \Psi_e | y | \Psi_g \rangle$, $\langle \Psi_e | z | \Psi_g \rangle$）に対しては，直積表現からは（例 4.4 上段），A_{1g} がないので禁制遷移となる．振電相互作用を結合させて許容遷移を探すが，分極のために z 軸方向と x, y 面方向は異なる結果となる．Cl-Co-Cl 軸に平行あるいは垂直な偏光結晶スペクトルは二つあるいは一つのピークを示す．x, y, z 方向の偏光と，それぞれ許容・禁制となる遷移や数から，スペクトルのピークと d-d 遷移とを対応させれば

> **例 4.4　結晶二色性の帰属の考え方**
>
> 電気双極子積分
>
> ・直積表現
>
> | | $A_{1g} \to A_{2g}$ | $A_{1g} \to B_{2g}$ | $A_{1g} \to E_g$ |
> |---|---|---|---|
> | $\int \Psi_e'' z \Psi_e d\tau$ | A_{1u} | B_{1u} | $E_u \leftarrow A_{1g}$ がない!! |
> | $\int \Psi_e''(x,y) \Psi_e d\tau$ | E_u | E_u | $A_{1u} + A_{2u} + B_{2u} + B_{1u}$ |
>
> ・振動相互作用での分極
>
> | | z | (x,y) |
> |---|---|---|
> | 帰属　$A_{1g} \to A_{2g}$ | 禁制 | 許容 |
> | $A_{1g} \to B_{2g}$ | 許容 | 許容 |
> | $A_{1g} \to E_g$ | 許容 | 許容 |
>
> ・結晶二色性スペクトル（**図 4.13**）
>
> **図 4.13**　結晶二色性スペクトル

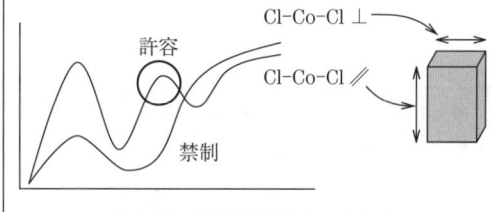

帰属できる.

4.4　錯体の紫外・可視吸収, XAFS・XPS スペクトル

4.4.1　電子スペクトル

　金属錯体は特徴的な色を示す. これは, さまざまな波長成分を含む光のうち, 錯体の基底状態と励起状態のエネルギー差に相当するエネルギーの光が電子遷移に使われて吸収され, 吸収されなかった波長の光（補色）を目で見て色を感じるからである. なお, いわゆる虹色の可視光の波長は, およそ 380 〜

750 nm の範囲で，短波長側が紫色で高エネルギー（高波数），長波長側が赤色で低エネルギー（低波数）となる．紫外線，赤外線はこの範囲より短波長，長波長の電磁波である．

錯体の色を定量的に測定できる，紫外可視吸収スペクトル（電子スペクトル）の吸収極大波長や強度（モル吸光係数 ε, $\log \varepsilon$ 表記が多い）から，発色原因をだいたい判断できる（**図 4.14**）．しかし，同じ錯体でも温度などで電子状態が変化する場合もあるし，溶媒の極性（誘電率）に依存して吸収帯がシフトする場合（ソルバトクロミズム）もあるので，注意が必要である．

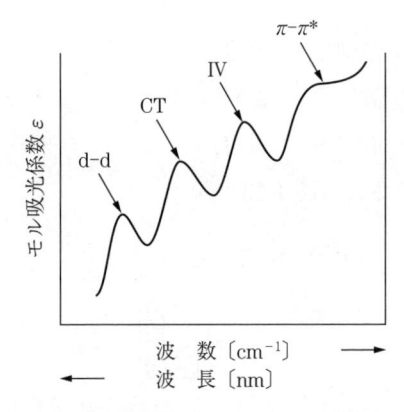

図 4.14 電子スペクトルの模式図（およそ d-d，可視，$\varepsilon = 1 \sim 10^2$；CT，可視〜紫外，$\varepsilon = 10^2 \sim 10^4$；IV，可視〜紫外，$\varepsilon = 10^2 \sim 10^3$；$\pi$-$\pi^*$，紫外，$\varepsilon = 10^3 \sim 10^5$ といった程度）

d 電子がない d^0 や d^{10} 電子配置の錯体では，光を吸収しても励起させる電子がないか，d 軌道が満員で励起する空席がない．ゆえに d-d 遷移は起こらない．O_h 対称高スピン d^5 電子配置の $MnSO_4 \cdot 5H_2O$ は，ほぼ無色である．同じ（+1/2）スピンの 5 電子が各軌道に一つずつの $(t_{2g})^3(e_g)^2$ の状態から，光を吸収して $(t_{2g})^2(e_g)^3$ の状態に遷移する一つの電子がパウリの禁制原理に従って $(e_g)^3$ となるためには，$-1/2$ スピンになる必要がある．しかしスピン量子数が変化する（$\Delta S = -1/2 - 1/2 = -1 \neq 0$）スピン禁制となり d-d 遷移は起こらない．だからほぼ無色となる．

4.4 錯体の紫外・可視吸収, XAFS・XPS スペクトル

電荷移動(charge transfer, CT)遷移は, 金属と配位子の軌道間の電子遷移であり, d-d 遷移よりも強度が高い. 例えば, 族から期待される最高酸化数をとる d^0 電子配置の $[Mn^{VII}O_4]^-$ や $[Cr^{VI}O_4]^{2-}$ は, d-d 遷移が起こらないが, それぞれ濃い紫色, 黄色を示す. これは配位子軌道にある電子が光を吸収して, 空の金属 d 軌道に遷移したことにより, **LMCT**(ligand to metal CT)と呼ばれる. 金属が高酸化数(陽電荷)で配位子に遊離が容易な電子があるとよい. 逆に d^{10} 電子配置の $[Cu(dmphen)_2]^{2+}$ が深紅色を示すのは, 満員の金属 d 軌道にある電子が光を吸収して, 空の配位子 π^* 軌道に遷移したことにより, **MLCT**(metal to ligand CT)と呼ばれる(**図 4.15**).

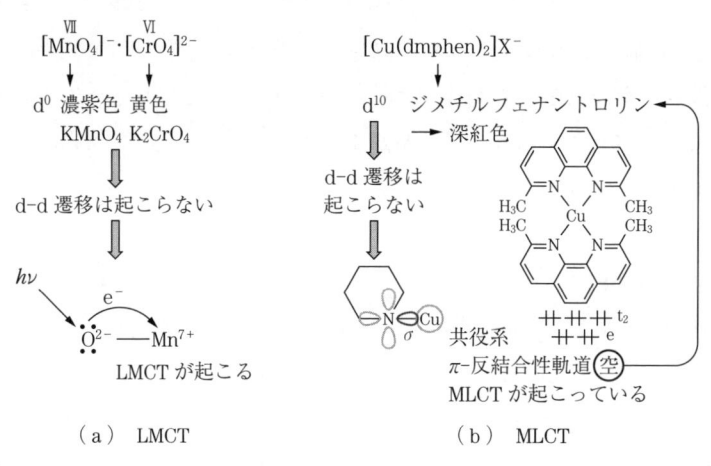

(a) LMCT

(b) MLCT

図 4.15 LMCT と MLCT

混合原子価間(inter valence, IV)の電荷移動吸収の例としては, 古くから濃青色顔料として知られる, **プルシアンブルー**(Prussian blue)の例がある(**図 4.16**). 単核錯体である $K_4[Fe^{II}(CN)_6]$ や $K_3[Fe^{III}(CN)_6]$ でも見られる MLCT 電荷移動遷移は, 配位原子と金属原子間の電子遷移を伴うので, あたかも配位原子と金属原子間の電子移動(酸化還元)のようにみなせる. シアニド架橋された Fe(II) と Fe(III) イオンが交互に三次元的に配列するプルシアンブルーでは, Fe(II) と Fe(III) イオンの混合原子価も関与して複雑である.

有機配位子内では, 通常の有機化合物と同じように, C=C 二重結合や π 共

プルシアンブルー　　$K_m[Fe^{II}Fe^{III}(CN)_6]$
濃青色

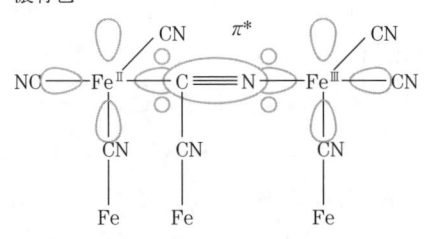

図4.16 混合原子価状態のプルシアンブルー

役系の軌道に基づく π-π^* 遷移や，C=O 基などの孤立電子に基づく n-π^* 遷移が見られる。いずれも金属イオンが関与する遷移よりも高強度である。特にポルフィリン配位子では，きわめて高強度の**ソーレー帯**（Soret band）が 400 nm 付近に，やや高強度の Q 帯（α 帯）が 650 nm に見られ，ヘムタンパク質では，中心鉄イオンの酸化数変化や酸素，CO といった小分子の配位に応じて，敏感な吸収スペクトルの変化を示すことが知られている。

4.4.2 XAFS

一般に吸収スペクトルで波長 λ に単色化した強度 I_0 の光が，試料（溶液であれば濃度 c [mol dm^{-3}]，セル厚など光路長 d）を通過する際に吸収された後に，強度 I になる関係は，吸光度 A（無単位）と，物質に固有のモル吸光係数 ε [dm^3 mol^{-1} cm^{-1}] を用いて，つぎの**ランベルト・ベール**（Lambert-Beer）の式で表せる。

$$A = \log\left(\frac{I_0}{I}\right) = \varepsilon c d \tag{4.5}$$

紫外可視（電子）スペクトル以外に赤外線（IR スペクトル）や X 線などの電磁波を用いる吸収分光法でも，ランベルト・ベールの関係は成り立つ。基底状態 Ψ_g から励起状態 Ψ_e への遷移は，それぞれの分光法で着目する物理量 A（例えば，電子スペクトルならば，電気双極子モーメント）を用いて $\langle \Psi_e | A | \Psi_g \rangle$ が成り立つ。分光法が異なれば，原理的に選択律や観測する物理現象が異な

4.4 錯体の紫外・可視吸収, XAFS・XPS スペクトル

る。電磁波のエネルギーが異なるのは，エネルギーの比較的低い IR スペクトルでは，化学結合の振動状態が対象となり，紫外可視電子スペクトルでは d-d 遷移など電子占有軌道や空軌道に近い金属 d 軌道や配位原子 p 軌道での電子遷移を対象としていた。このように，基底状態 Ψ_g や励起状態 Ψ_e としてどの電子状態（分子軌道）の情報を得られるかが異なるので，同じ化合物について数種類の分光法で測定することで，多角的な理解が可能となる。

そこで，**X 線吸収スペクトル**（X-ray absorption spectra）では，紫外線よりエネルギーの高い X 線（数千 eV 程度）を用いて，原子の内殻軌道電子が関与する遷移を観測できる（**図 4.17**）。光電効果により，X 線を吸収する原子の内殻電子の結合エネルギーに相当するエネルギー（元素と軌道の名で**吸収端**（edge）と呼ばれる）で吸収係数の増大が見られる。これより金属原子の酸化数・スピン状態や，配位原子（配位結合）の共有結合性が議論できる。さらに，スペクトルの X 線の吸収端付近に固有の構造（**XAFS**（X-ray absorption fine structure）と呼ばれる）の解析から，中心金属周りの配位原子の数や平均距離を算出することができ，結晶化しにくい金属酵素の活性中心の研究などで威力を発揮する。

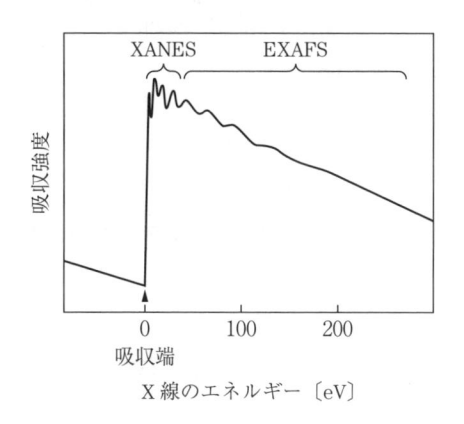

図 4.17　XAFS スペクトルの模式図

4.4.3 XPS

XAFSでも述べたように，X線は原子軌道の電子を励起するエネルギーに相当する．X線光電子分光すなわち **XPS** (X-ray photoelectron spectroscopy) では，MgKα 線（1 253.6 eV）やAlKα 線（1 486.6 eV）などのエネルギー一定（振動数 ν）の軟X線を試料に入射して，飛び出す電子の運動エネルギー（E_{kin}）を測定すると，式 (4.6) の関係から原子や分子がイオン化されるエネルギー（すなわち電子の結合エネルギー）を知ることができる（**図 4.18**）．なお，電子が飛び出せるのは試料表面のある程度浅い部分からなので，XPSを表面分析や深さ方向の元素分析も可能となる．

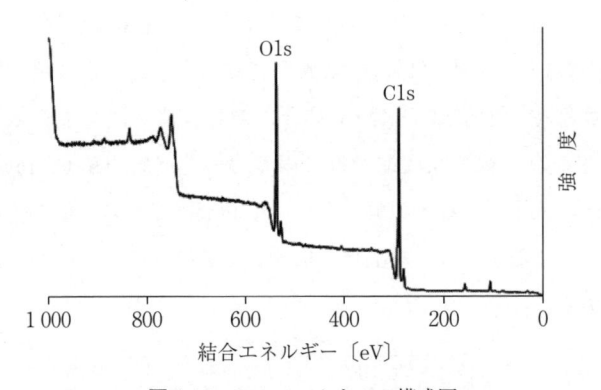

図 4.18 XPSスペクトルの模式図

$$h\nu = I_i + E_{kin} \tag{4.6}$$

一般に，電子の結合エネルギーは各元素と酸化状態に固有の軌道エネルギーとなるから，XPSで測定されるこの値から元素の種類と酸化状態がわかる．しかし，内殻軌道準位は軌道固有の一つの値をとるわけではなく，励起される軌道の電子の電子スピンが二つのエネルギー準位を作る場合や，軌道角運動量とスピン角運動量が相互作用して二つの電子状態を作る場合には，XPSスペクトルが2本に分裂することがある．

分子がイオン化される場合には，**クープマンスの定理** (Koopmans' theorem) から，イオン化ポテンシャル（すなわち I_i）は分子軌道エネルギーの符号を負

にした値に等しいとみなせる．したがって，電子の再配列を無視して，イオン化エネルギー（電子の結合エネルギー）は，電子に占められた最もエネルギーが高い軌道のエネルギーと等しいと考えることができる．

　基底状態の原子では，内殻電子は軌道を満たして占有している．原子価電子は原子の結合状態に影響されるから，励起やイオン化の過程に特徴的な XPS が得られる．原子が結合して分子を形成すると，原子価電子と内殻電子の静電相互作用が変化するので，内殻電子はわずかに XPS をシフトさせる．この化学シフトは，化学結合や分子構造を知る手掛かりとなる．

4.4.4　分光法と酸化還元

　金属錯体の XPS では，一般に金属の酸化数が増大すると，電子の結合エネルギーが大きくなる傾向があり，（検量線を引くように）相関関係をとると金属原子の酸化状態を知ることができる．これは正電荷を持つ原子（陽イオン）は，中性原子や陰イオンよりも内殻電子を強く引き付けるので，電子を取り去り陽イオン化するのに必要な結合エネルギーが大きくなるからである．形式酸化数が高い金属では，金属上の電荷が小さいが，これは金属と配位原子の間の共有結合性が増大するためである．

　ところで，金属錯体中の金属イオンの酸化還元の計測には，**サイクリックボルタンメトリー**（cyclic voltanmetry, CV）などの電気化学的測定が直接的である．酸化還元電位が比較的明確で安定な化合物であるフェロセン $Fe^{II/III}$ $(C_5H_5)_2$ や $[Fe^{III/II}(CN)_6]^{3-/4-}$ が代表的な基準物質となる．しかし，電極の使用が困難な金属酵素触媒サイクル中での（ごく短時間あるいは静的な）酸化数の計測では，分光法も有用である．

　触媒サイクル中の酸化還元では，均一系触媒の**バスカ**（Vaska）錯体 $[Ir^I Cl(CO)(PPh_3)_2]$ では，水素分子を酸化的付加するプロセスで，配位数と酸化数がともに 2 増加して反応中間体 $[Ir^{III}Cl(CO)(PPh_3)_2(H)_2]$ となる．ただし Ir(Ⅰ)，Ir(Ⅲ) 錯体はいずれもそれぞれ安定な 16, 18 電子数をとっている．ほかにも，**ウィルキンソン**（Wilkinson）錯体 $[Rh^I Cl(PPh_3)_3]$ では，水素分子を**酸化的付**

加（oxidative addition）して $[\text{Rh}^{\text{III}}\text{Cl}(\text{PPh}_3)_2(\text{H})_2]$ となり，$\text{CH}_2=\text{CH}_2$ などのオレフィンを配位して $[\text{Rh}^{\text{III}}\text{Cl}(\text{PPh}_3)_2(\text{H})_2(\text{CH}_2=\text{CH}_2)]$ となり，配位数と酸化数がともに2減少する**還元的脱離**（reductive elimination）で $[\text{Rh}^{\text{I}}\text{Cl}(\text{PPh}_3)_3]$ に戻るのに伴い，目的物である $\text{CH}_3\text{-CH}_3$ などのアルカンが解離される。

これらの触媒サイクルの例のように，錯体の配位数や中心金属の酸化数の変化は，紫外可視吸収スペクトルの変化も期待されるし，X線吸収分光法でも，適切な知見が得られることがある。1電子の変化で，常磁性と反磁性が入れ替わるので，後述の不対電子に着目する計測（ESRや磁性）とも関連付けられる。

4.5 錯体の磁性と電子スピン共鳴スペクトル

4.5.1 錯体の電子状態と磁性

不対電子（電子スピン）がある**常磁性**（paramagnetic）物質は磁場中に引き込まれる力が働くのに対し，不対電子のない**反磁性**（diamagnetic）物質は磁場外にはねのけられる力が働く。外部から磁場（H：磁場の強さ）をかけると，磁気的分極が生じるが，実際に物質が磁化（M：磁化の強さ）される（単位体積当りの磁気モーメントで示される）程度を磁化率 $\chi(=M/H)$ といい，常磁性体では正，反磁性体では負の値となる。金属錯体は反磁性の有機配位子を含むので，反磁性の磁化（率）を補正して取り扱う必要がある。

3d電子数，配位子場分裂様式，高・低スピン状態などに応じて，不対電子を N 個持つ第一遷移金属錯体の有効磁気モーメントは $\mu=(N(N+2))^{1/2}\mu_B$ となる。あるいはスピン量子数 S で表すと，$\mu=2(S(S+1))^{1/2}\mu_B$ となる。μ_B はボーア磁子で，不対電子スピンの磁場方向での磁気モーメントに相当する。第二，第三遷移金属錯体や希土類錯体では，第一遷移金属錯体では消失するが，軌道角運動量の寄与を無視できなくなる。

常磁性化合物の磁化率 χ は温度 T に反比例することが多く，**キューリーの法則**（Curie's law）（$\chi=T/C$，C はキューリー定数）を満たす。しかし，金属原子

間（正確には電子スピン間）に磁気的相互作用があるとき，ワイス定数θを含む**キュリー・ワイスの法則**（Curie-Weiss's law）（$1/\chi=(T-\theta)/C$）が成り立つ。電子スピンが同じ方向に並ぶ**強磁性的**（ferromagnetic）相互作用があるとθが正の値となり，逆方向に並ぶ**反強磁性的**（antiferromagnetic）相互作用があるとθが負の値となる。

二量体構造をとる**酢酸銅（II）一水和物**（copper（II）acetate monohydrate）[$Cu_2(CH_3COO)_4$]・$2H_2O$（分子式）の有効磁気モーメントが$s=1/2$の理論値より小さいのは，**交換相互作用**（exchange interaction）により銅（II）イオン間に直接，反強磁性的相互作用が働き，磁気モーメントが打ち消し合うためである。これに対して，シアニド架橋のプルシアンブルーや，室温でも強磁性を示す酸素架橋の**酸化鉄**（iron oxide）のように，架橋は配位子（これらの場合p軌道）を介する（反）強磁性的相互作用を**超交換相互作用**（superexchange interaction）という。

4.5.2 分子磁性体

Fe（II）錯体などで知られる**スピンクロスオーバー**（spin-crossover）は，低温で低スピン状態のものが，高温では高スピン状態をとるなど，金属の形式酸化数には変化はないが，同一構造を持つ錯体がそのスピン状態を変化させる相転移である（**図4.19**）。ほかにも光誘起（低温で紫外光を照射する）で相転移する例も知られている。

分子磁性体の例として，酸素架橋した多核金属錯体（**ポリ酸**(polyoxometalate)

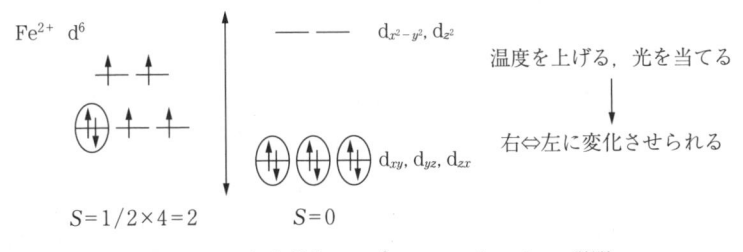

図4.19 Fe(II)錯体のスピンクロスオーバーの説明

の一種）の磁性データと外形を示す（**図 4.20**）。金属錯体などの磁性は **SQUID**（superconducting quantum interference device）装置を用いて，温度および磁場を変化させて磁化を測定すると，電子スピンの数や強磁性や超交換相互作用の有無や強さを調べることができる。

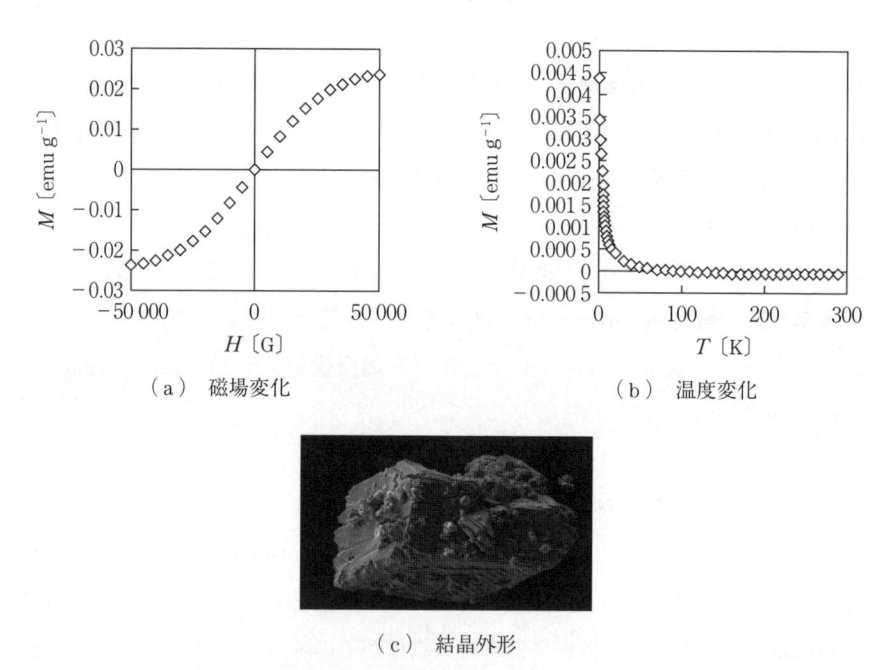

（a）磁場変化

（b）温度変化

（c）結晶外形

図 4.20　ポリ酸の磁性データと外形

4.5.3　電子スピン共鳴スペクトル

電子スピン共鳴（electron spin resonance, ESR）は，電子スピンすなわち不対電子を持つ遷移金属イオンや有機化合物中の**フリーラジカル**（free radical）を検出する**磁気共鳴**（magnetic resonance）分光法である。磁気モーメントを持つ不対電子が磁場 H_0 中に置かれると，磁場に平行な（下向きスピン）低いエネルギー準位（$E_1 = -\beta H_0$）と，磁場に反平行な（上向きスピン）高いエネルギー準位（$E_2 = \beta H_0$）に分裂する。このように**ゼーマン**（Zeeman）**相互作用**で生じた準位間のエネルギー差は，$\Delta E = \beta H_0 - (-\beta H_0) = 2\beta H_0$ にな

る。数式が示すように，ΔE は磁場の強さ H_0 に比例して大きくなるので，化合物に固有の値ではない。よく用いられる X バンド装置では，磁場 0.34 T 程度に対して，マイクロ波周波数 9500 MHz の領域である。

実際には一定の周波数のマイクロ波照射下で，磁場（H）を掃引して計測する。磁場が大きくなるに従い，エネルギー間隔（ΔE）が増大するように変化するが，ΔE がマイクロ波の周波数に対応するエネルギー（$h\nu$）と等しくなったとき，スピン量子数が ±1 が許容となる選択律に従う**磁気双極子間の遷移**（magnetic dipole transition）である，ESR の共鳴吸収シグナルが観測される。遷移する電子スピンは，下向きスピンから上向きスピンへの反転を伴う。こうして得られた，横軸が掃引した磁場，縦軸が吸収シグナル強度の一次微分曲線のプロットが，通常よく見かける ESR スペクトルとなる。

ESR スペクトルを読み取ると，スピン数（スペクトルを磁場範囲について積分した面積），g 値（スペクトルと横軸の交点。電子スピン量子数と磁気モーメントの比例定数に関連し，電子スピンの占める軌道の空間的分布やスピン–軌道相互作用を反映する），**超微細結合定数** A（hyperfine）（二項係数に従う強度比なので $(2s+1)(2I+1)$ 本のスペクトルの分裂の幅に相当する，$(2s+1)$ 本に分裂する電子スピン s と $(2I+1)$ 本に分裂する核スピン I の相互作用であり，原子核上の電子密度を反映する）などのパラメーターが求められる。g や A には，磁場に対する異方性がある。

4.6 実　　例[1)]

この章のしめくくりとして，これまでに述べた錯体の電子状態や構造・物性を調べる方法を用いた実例を紹介する（**図 4.21**）。アルデヒドと光学活性アミノ酸（**L-ヒスチジン**（histidine））の縮合反応で得たシッフ塩基配位子と，固体では二量体構造の酢酸銅（Ⅱ）一水和物との合成反応から，光学活性複核銅（Ⅱ）錯体が収率 90.0% で得られた。CHN 元素分析値は実測値 C, 47.87；H, 3.26；N, 13.23%。単核分の組成 $C_{14}H_{15}CuN_3O_4$ に対する計算値は C, 48.67；H,

(a) 錯体

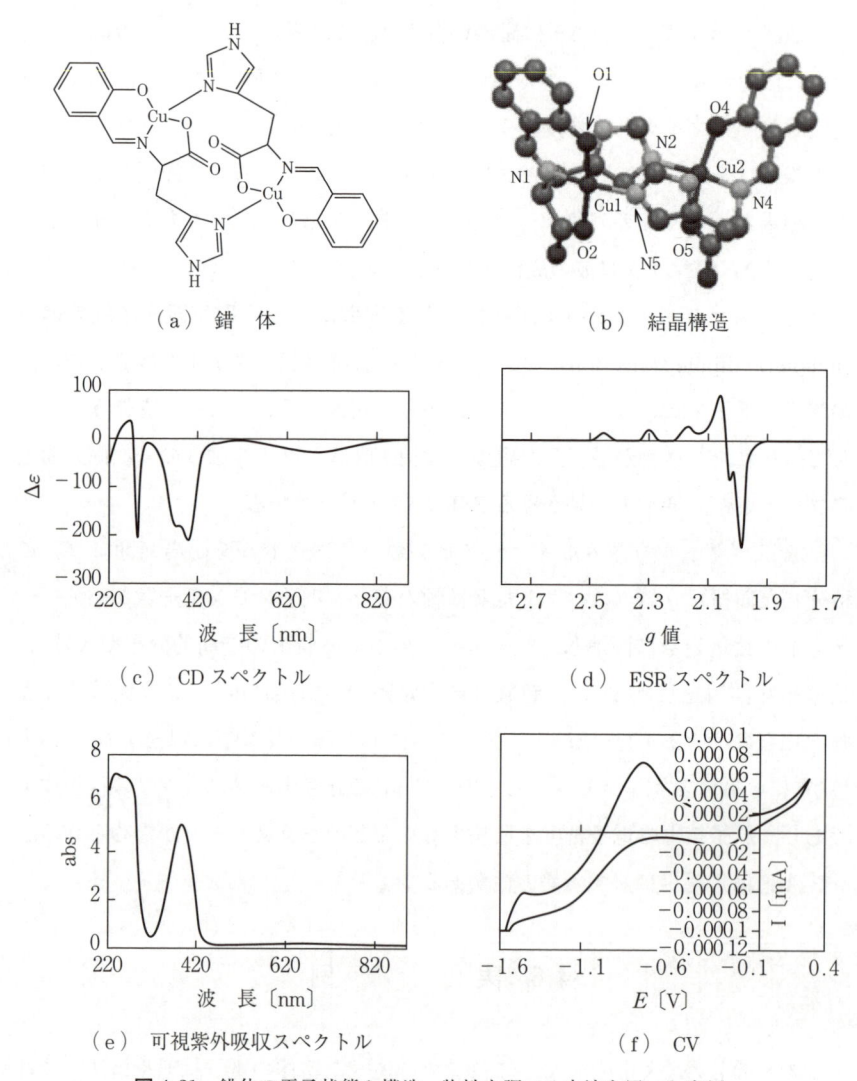

(b) 結晶構造

(c) CD スペクトル

(d) ESR スペクトル

(e) 可視紫外吸収スペクトル

(f) CV

図 4.21 錯体の電子状態や構造・物性を調べる方法を用いた実例

3.46；N, 13.10％であった。IR スペクトルは，シッフ塩基に特徴的な C=N 伸縮バンドを $1\,634\,\mathrm{cm^{-1}}$ に示した。固体での電子スペクトルは，$19\,500\,\mathrm{cm^{-1}}$ に d-d 遷移のバンドが現れた。これは d^9 電子配置の Cu(II) イオンの配位構造と，X 線結晶構造解析から対応付けられた。77 K のメタノール溶液で測定し

たXバンドESRスペクトルから$g=2.05$と求められた。$s=1/2$の電子スピンは打ち消し合うことはなく，溶液中では四面体型に近い配位原子の影響を受ける，つまり，固体と溶液中では配位多面体異性の関係となり変形していることが示唆される。

結晶学的データは，$C_{24}H_{22}Cu_2N_6O_6$, $0.26\ mm \times 0.25\ mm \times 0.22\ mm$, $M_w=617.56$，斜方晶系，（光学活性でS_n軸の存在する対称性を示す）空間群 $P2_12_12_1$(#19), $a=9.6531(9)$ Å, $b=13.4833(12)$ Å, $c=19.4175(18)$ Å, $V=2527.3(4)$ Å^3, $Z=4$, $D_{calc}=1.623\ mg/m^3$, $F(000)=1256$, $R_1=0.0208$, $wR_2=0.0680$（5667反射），$S=0.553$，フラックパラメーター$=0.027(7)$。$(R_1=\Sigma\|F_o|-|F_c\|/\Sigma|F_o|$。$R_w=(\Sigma w(|F_o|-|F_c|)^2/\Sigma w|F_o|^2)^{1/2}$, $w=1/(\sigma^2(F_o)+(0.1\ P)^2)$, $P=(F_{o2}+2F_{c2})/3)$。

X線結晶構造解析による，おもな結合距離〔Å〕，角度〔°〕は，Cu1-O1=1.9104(15)，Cu1-O2=1.9620(15)，Cu1-N1=1.9160(17)，Cu1-N5=1.9496(17)，Cu2-O4=1.8924(15)，Cu2-O5=1.9792(14)，Cu2-N2=1.9446(16)，Cu2-N4=1.9202(16)，O1-Cu1-O2=171.27(7)，O1-Cu1-N1=93.14(7)，O1-Cu1-N5=91.46(7)，O2-Cu1-N1=84.07(7)，O2-Cu1-N5=93.47(7)，N1-Cu1-N5=163.94(7)，O4-Cu2-O5=161.43(7)，O4-Cu2-N2=93.46(7)，O4-Cu2-N4=94.62(6)，O5-Cu2-N2=94.22(6)，O5-Cu2-N4=83.24(6)，N2-Cu2-N4=161.36(7)。ひずみ四面体型 *trans*-[CuN$_2$O$_2$] 配位構造をとる。

アミノ酸誘導体配位子の不斉炭素に起因するCDスペクトルと対応する紫外可視吸収スペクトルには，弱いd-d，と，強いn-π^*やπ-π^*バンド紫外から可視領域にある。CVは，銅(Ⅱ)と銅(Ⅰ)の酸化還元が可逆的に起こることを示す。

引用・参考文献

1) 東京理科大学　総合化学研究科　修士論文（2011, 2012）より
- 水町邦彦，福田 豊：プログラム学習　錯体化学，講談社サイエンティフィク（1991）
- 山崎一雄，吉川雄三，池田龍一，中村大雄：錯体化学（改訂版），裳華房（1993）
- コットン，ウィルキンソン，ガウス著，中原勝儼訳：基礎無機化学，培風館（1998）
- 松林玄悦，黒沢英夫，芳賀正明，松下隆之：錯体・有機金属の化学，丸善（2003）
- 秋津貴城：無機化学講義ノート，現代図書（2014）

5 錯体の機能・応用と生物無機化学・生体模倣化学

　金属錯体は無機化合物の金属イオンと有機化合物の配位子を併せ持ち，それにより特異な物性，機能などを有するので，さまざまな分野に応用されている。また，金属錯体は生体中における酵素，金属タンパク質などの活性中心でもあるので，**生物無機化学**（bioinorganic chemistry）分野からのこれら生体物質の挙動，反応機構などを解明する上でも，さらに**生体模倣化学**（biomimetic chemistry）分野からのこれら生体物質の特異的な機能を抽出して先端材料を創製する上でも重要である。ここでは，前者の錯体の機能と応用について，さらには後者の錯体と生物無機化学ならびに生体模倣化学について説明する。

5.1　錯体の機能と応用

　錯体の機能と応用は多岐にわたっており，例えば，表5.1に示すように（1）錯体の形成・置換反応を基にした機能と応用，（2）錯体の電子移動反応（酸化還元反応）を基にした機能と応用，（3）錯体の色彩・スペクトル・光（化学）などを基にした機能と応用，（4）錯体の集積化・超分子化を基にした機能と応用などに分類して考えることもできる。
　ここでは，（1）～（4）の代表的な例を紹介する。なお，癌診断および治療は金属錯体を用いたものが多いので，＊印を付けて系統的に説明する。

5.1.1　錯体の形成・置換反応を基にした機能と応用

　錯体の形成反応，置換反応などを活用した機能，応用などについては，金属

表5.1 錯体の機能と応用

(1) 錯体の形成・置換反応を基にした機能と応用	1) 金属イオン分析試薬	大環状配位子であるポルフィリン (porphyrin) 誘導体のマクロ環効果を利用した高感度 ($10^{-6}\sim10^{-7}\,\mathrm{mol}/l$) の Cu^{2+} などの金属イオン分析など。
	2) 金属イオン抽出剤	錯体の安定度定数が大きい，多座配位子であるオキシム，オキシンなどの誘導体を用いた Cu^{2+} などの金属イオン抽出など。
	3) 金属イオン捕集剤	高分子配位子であるポリスチレン誘導体系の有機キレート樹脂などによる貴金属イオン，有効金属イオン，有害金属イオンなどの金属イオン捕集。
	4) 金属イオンセンサー	大環状配位子であるクラウンエーテル，バリノマイシンなどのマクロ環効果，多座配位子であるジデシルリン酸などのキレート効果を生かしたアルカリ金属イオン，アルカリ土類金属イオンなどの金属イオンセンサー (metal ion sensor)。
	5) 化学療法 (chemotherapy, CT) での薬剤 (治療薬)	シス-ジアンミンジクロロ Pt(II) (シスプラチン，cisplatin) などの Pt 錯体によるデオキシリボ核酸 (DNA) への架橋による抗癌剤など。
(2) 錯体の電子移動反応 (酸化還元反応) を基にした機能と応用	1) 電気化学的センサー	電極に修飾した金属錯体，高分子金属錯体などを電極触媒とする電気化学的センサー (electrochemical sensor)。例えば，金属ポルフィリン錯体およびその誘導体などによる電気化学的酸素センサー，電気化学的生体内小分子センサーなど (生体内小分子とは活性酸素種 (reactive oxygen species (ROS)：$O_2^{\cdot-}$, H_2O_2 など)，活性窒素種 (reactive nitrogen species (RNS)：NO) など)。
	2) 有機半導体材料 (organic semiconductor material)	Cu フタロシアニンなどの p 型半導体材料，パーフルオロ Cu フタロシアニンなどの n 型半導体材料。

表5.1 つづき

(2) 錯体の電子移動反応(酸化還元反応)を基にした機能と応用	3) 燃料電池の電極触媒材料	電極に修飾した金属錯体,高分子金属錯体などを熱処理して電極触媒(electrocatalyst)とする研究。例えば,オキソバナジウム($V=O$)サレン錯体,Coポルフィリン錯体などが燃料電池(fuel cell)のアノード(燃料極),カソード(空気極)触媒原料など。
	4) 制御ラジカル重合用触媒	酸化還元反応を応用したCuビピリジン系錯体,Ru, Feなどのトリフェニルホスフィン(PPh_3)系錯体触媒を用いた原子移動ラジカル重合(atom-transfer radical-polymerization, ATRP)などの制御ラジカル重合用触媒。
(3) 錯体の色彩・スペクトル・光(化学)などを基にした機能と応用	1) 金属イオン分析試薬	発色団を有する配位子系による金属イオンの(おもに定性)分析試薬など。
	2) 染 料	アゾ基発色団を有する配位子とCr^{3+}, Co^{3+}などの金属イオンより構成される金属錯体の染料など。
	3) 顔 料	大環状配位子であるフタロシアニン(phthalocyanine)およびその誘導体とCu^{2+}などの金属イオンから成る金属錯体(金属フタロシアニン)の顔料など。
	4) 光学的酸素センサー	Pt^{2+}, Pd^{2+}などのポルフィリン錯体,ルテニウム(II)(Ru^{2+}),オスミウム(II)(Os^{2+})などのビピリジル錯体,ユウロピウム(III)(Eu^{3+})などのアセチルアセトナト誘導体(希土類錯体,rare-earth complex)などの光励起された錯体分子が放射する蛍光あるいはりん光を酸素による消光を利用する光学的酸素センサー。
	5) 有機エレクトロルミネセンス(有機EL)用材料	Cuフタロシアニンなどの蛍光発光型正孔輸送・注入材,Al錯体,ベリリウム(Be)錯体などの蛍光発光型キャリヤ輸送性発光材,Al錯体などの蛍光発光型正孔阻止層材,Ptポルフィリン誘導体,イリジウム(Ir)錯体などのりん光発光型発光材の有機エレクトロルミネセンス(organic electroluminescence, 有機EL)用材料など。

表 5.1 つづき

（3）錯体の色彩・スペクトル・光 (化学) などを基にした機能と応用	6)	色素増感太陽電池 (DSSC) 用色素増感剤	Ru^{2+} のビピリジン錯体などの色素増感太陽電池 (dye-sensitized solar cell, DSSC) 用の色素増感剤。
	7)	バイオイメージング用蛍光プローブ	亜鉛 (II) (Zn^{2+}), カルシウム (II) (Ca^{2+}) などの各種金属錯体さらには Eu^{3+} などの希土類錯体などを用いたバイオイメージング用蛍光プローブ (bio-imaging fluorescence probe) など。
	8)	光線力学診断 (PDD) 用薬剤 (診断薬)・光線力学療法 (PDT) 用薬剤 (光増感剤)	金属フリー, Zn^{2+}, Sn^{2+} などのポルフィリン, クロリン, アミノレブリン酸 (ALA) などを用いた光線力学診断 (photodynamic diagnosis, PDD) 用の診断薬・光線力学療法 (photodynamic therapy, PDT) 用の光増感剤 (薬剤)。
（4）錯体の集積化・超分子化を基にした機能と応用	1)	電気的特性を有する錯体	$[Pt(CN)_4]^{2-}$ などの金属-金属結合を介する金属錯体 ($500 \sim 1\,000\ S\ cm^{-1}$), テトラチオフルバレン (TTF), エチレンジチオ-テトラチオフルバレン (EDT-TTF) などとビス (2-チオキソ-1,3-ジチオール-4,5-ジチオレート) $Ni(II)$ などの積層結晶 (金属伝導性, 超伝導 (superconductivity) 特性)。
	2)	錯体による自己組織化膜	Fe 二核錯体などによる金属表面上での自己組織化膜 (self-assembled monolayer, SAM) およびその光励起電子移動特性。
	3)	ナノ〜サブミクロン構造薄膜用プレカーサー材料	ナノ (nano) 〜サブミクロン (submicron) 構造の金属酸化物薄膜用の Coedta 錯体, Tiedta 錯体などのプレカーサー材料。
	4)	多核錯体による分子磁石	Mn, Fe, Ni, V などの多核錯体の磁気特性を活用した分子磁石など。
	5)	デンドリマー (dendorimer) 金属錯体の利用	合成触媒, 高効率化発光, アンテナ効果, 磁気共鳴イメージング (MRI) 用造影剤, 有機 EL 用材料, ナノ粒子作製, 精密金属集積など。
	6)	金属錯体液晶	液晶性配位子を用いた Ni, Pd, Pt, Cu などの金属錯体液晶 (liquid crystal)。

表 5.1 つづき

(4) 錯体の集積化・超分子化を基にした機能と応用	7) 金属錯体分子集合体の電極触媒（electrocatalyst）	Co ポルフィリン誘導体より成る分子集合体（逆ミセル構造の分子集合体）の酸素還元電極触媒（electrocatalyst of oxygen reduction reaction, ORR electrocatalyst）。
	8) 自己集積能金属錯体	末端ピリジル，イミダゾリル基などの側鎖を有する Zn ポルフィリンの自己集合体（self-assemble material）。
	9) 配位高分子錯体結晶（多孔性配位高分子あるいは金属-有機構造体）	ナノチャネル空間を有する Ni，Cu，Zn などの金属錯体の配位高分子錯体結晶（多孔性配位高分子（porous coordination polymer, PCP）あるいは金属-有機構造体（metal-organic framework, MOF））およびその小分子吸蔵，イオン交換，化学反応活性点などの特性。
(5) その他	1) 放射性同位元素イメージング（RI）用造影剤	^{99m}テクネチウム（^{99m}Tc），^{111}インジウム（^{111}In），^{67}ガリウム（^{67}Ga），^{62}Cu などの金属錯体などを用いた放射性同位元素画像診断用（放射性同位元素イメージング（radioisotope imaging, RI）用）の造影剤。
	2) MRI 用造影剤	ガドリニウム（III）（Gd^{3+}）などの希土類錯体，マンガン（II）（Mn^{2+}）などの遷移金属錯体などを用いた磁気共鳴画像診断用（magnetic resonance imaging, MRI 用）の造影剤。
	3) 金属錯体系薬剤	Co 錯体（ビタミン B$_{12}$）による悪性貧血治療薬，Au 錯体によるリウマチ関節炎治療薬，Al 錯体，Zn 錯体などの消化性潰瘍治療薬，V 錯体，Zn 錯体などの糖尿病治療薬など。
	4) 音響化学療法（SCT）用薬剤	Ga ポルフィリン誘導体を利用した音響化学療法（sono-chemical therapy, SCT）用薬剤。
	5) 中性子捕捉療法（neutron capture therapy, NCT）用薬剤	ホウ素同位体（^{10}B）クラスター修飾ポルフィリンなどを用いた中性子捕捉療法（boron neutron capture therapy, BNCT）用薬剤。

表5.1 つづき

(5) その他	6) 不斉還元分子触媒としての金属錯体	Ru,ロジウム(Rh)などの2,2'-ビス(ジフェニルホスフィノ)-1,1'-ビナフチル(BINAP)錯体およびその誘導体による不斉還元分子触媒。
	7) 機能性高分子合成触媒としての金属錯体	アセチレン重合,アセチレン立体規則性重合,リビングメタセシス重合(living metathesis polymerization)用のMo,W,ニオブ(Nb),タンタル(Ta),Rhなどの塩化物錯体,カルボニル錯体およびカルベン錯体。立体構造制御オレフィン類重合用のジルコニウム(Zr)のメタロセン系触媒など。

イオン分析試薬,金属イオン抽出剤,金属イオン捕集剤,金属イオンセンサー,化学療法(CT)での薬剤(治療薬)などがある。ここでは,金属イオンセンサーならびに化学療法での薬剤を例に説明する。

〔1〕 金属イオンセンサー[†]

金属イオンセンサー(metal ion sensor)とは,溶液中の特定種の金属イオンに選択的に応答して定量できるセンサーであり,従来からのイオン電極である。代表的なイオンセンサーには**図**5.1に示すような固体膜型があり,式(5.1)のような構成である。式(5.1)のイオン選択性膜よりも左側がイオンセンサーであり,イオン選択性膜を挟んで発生する膜電位を検出する原理である。

$$(+)\underline{\text{グラファイト電極|イオン選択性膜}}|試料溶液|参照電極(-) \quad (5.1)$$
$$\text{(イオンセンサー)}$$

金属イオンセンサーのイオン選択膜には,金属イオンと配位する配位子(活性物質あるいはキャリヤ)が導入されており,大環状配位子であるクラウンエーテル,バリノマイシンなど[†(次ページ参照)],多座配位子であるジデシルリン酸など

[†] 人間には五感があり,それらをつかさどる感覚器を備えている。これら感覚器の応用としてセンサーがあり,外界からの色,光,音,臭い,味,圧力,温度,湿度などのさまざまな情報を捉え,電気信号に変換するデバイスである。センサーには物理センサーおよび化学センサーがある。前者には光,音波,圧力,温度,湿度,重力,磁気などのセンサーがあり,後者にはガス,イオン,バイオなどのセンサーがある。金属イオンセンサーは化学センサーのイオンセンサーに属する。

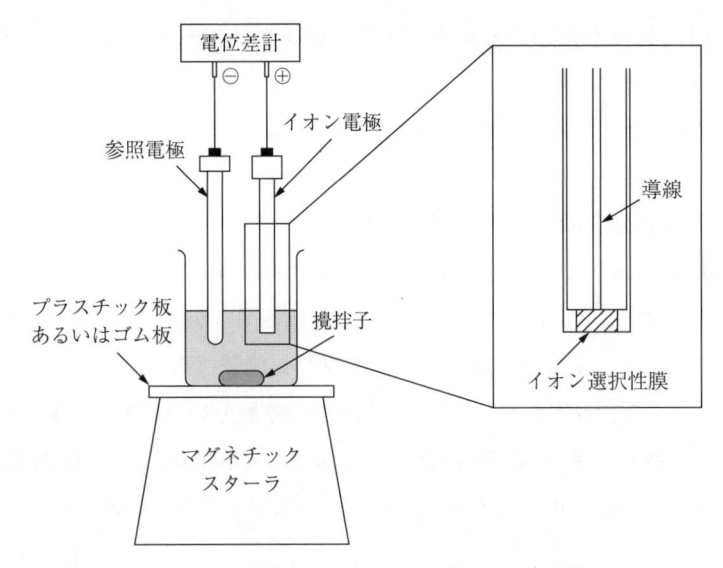

図 5.1 固体膜型イオンセンサーとその測定装置

がある。例えば，カリウム（I）（K^+）イオンのイオン選択膜中には**図 5.2**に示すような大環状配位子であるバリノマイシンが導入されており，カルボニル基との配位により大環状中にK^+イオンが挿入され，膜電位がその濃度に対して変化するのである。測定範囲は$1 \sim 10^{-6}\,\mathrm{mol}/l$程度で，妨害金属イオン（選択係数）：ナトリウムイオン（Na^+）（0.0002），リチウムイオン（Li^+）（0.0001）

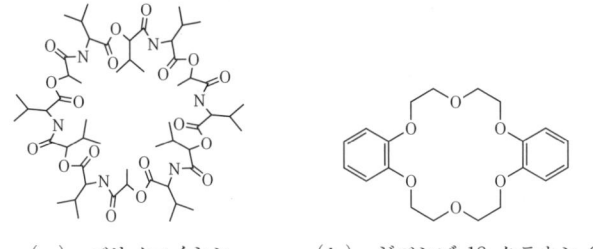

　（a）　バリノマイシン　　　（b）　ジベンゾ-18-クラウン-6

図 5.2　K^+イオンの大環状配位子であるバリノマイシンおよびクラウンエーテル誘導体

---

† （前ページの脚注）　クラウンエーテルやバリノマイシンはどちらも電気的に中性な物質で，ニュートラルキャリヤとも呼ばれ，イオン選択性膜に導入しやすく，計測上でハンドリングしやすい配位子（活性物質）である。

などとの選択性も高いのである。また，クラウンエーテルとしてジベンゾ-18-クラウン-6が検討され，バリノマイシンと同等の性能が得られている。金属イオン種としてはアルカリ金属イオン，アルカリ土類金属イオンなどがある。

〔2〕**化学療法での抗癌剤（治療薬）**[*]

化学療法（chemotherapy，CT）[†]における金属錯体の抗癌剤（治療薬）として図5.3に示すような白金製剤（白金錯体系抗癌剤）があり，癌細胞の核などに存在するデオキシリボ核酸（DNA）の**プリン塩基**（グアニン，アデニンなど）と結合（架橋）することによって癌細胞の細胞分裂を阻害する薬剤である（図5.4）。特に，**単一鎖内架橋**（intrastrand cross-link）と**二重鎖間架橋**（interstrand cross-link）の2種類がある。シスプラチン（cisplatin：シス-ジ

（a）シスプラチン　（b）カルボプラチン　（c）ネダプラチン　（d）オキサリプラチン

図5.3　白金製剤（白金錯体系抗癌剤）

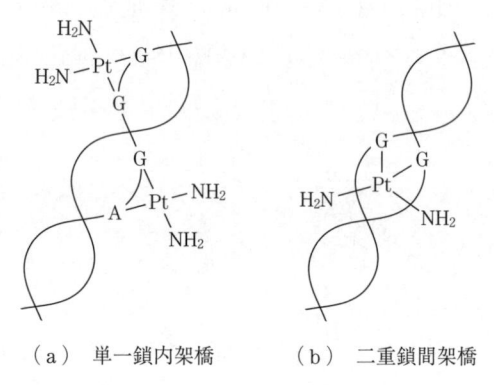

（a）単一鎖内架橋　　　（b）二重鎖間架橋

図5.4　シスプラチンの作用機序

[†] **化学療法**とは医薬品を使用して病気を治療することで，化学療法はすなわち薬物療法である。特に現在，化学療法という場合は抗癌剤治療すなわち癌化学療法を指す場合が多い。癌において化学療法と対比するのは外科手術，放射線療法などである。

アミン-ジクロロ白金(II)（CDDP），$Pt(NH_3)_2Cl_2$ が最初の薬剤で，副作用の軽減，他の薬剤との併用などのためにカルボプラチン（シス-ジアミン-(1,1-シクロブタンジカルボキシレート)Pt(II)，CBDCA，ネダプラチン，オキサリプラチン（シス-((1R,2R)-1,2-シクロヘキサン-ジアミン-N, N')(オキサレート (2−)-O, O')-Pt(II)，または L-OHP，オキサレート（1R, 2R-シクロヘキサン-ジアミン）Pt(II)）などが開発されている。

シスプラチン（CDDP）[†]は抗悪性腫瘍剤（抗癌剤）で，シスプラチンの「シス」は立体化学の用語の「シス-(cis-)」に由来している。薬理作用を発現するのはシス体だけでトランス体は抗癌作用を示さない。シスプラチンの合成は3章で示したトランス効果の典型例である。

$$K_2[PtCl_6] \xrightarrow{N_2H_4 \cdot 2HCl} K_2[PtCl_4] \xrightarrow[\text{2) } NH_3]{\text{1) } NH_4Cl} cis\text{-}[Pt(NH_3)_2Cl_2] \quad (5.2)$$

ヘキサクロロ白金(IV)カリウム塩（$K_2[PtCl_6]$）水溶液にヒドラジン塩酸塩を反応させるとテトラクロロ白金(II)カリウム塩（$K_2[PtCl_4]$）の塩化水素水溶液が得られ，これに塩化アンモニウム，アンモニア水を順次加えて中性にして得る。このとき2段階目の $[PtCl_4]^{2−}$ からは $Cl^−$ 基は NH_3 基より大きなトランス効果を有するので，NH_3 基の置換はすでに存在している NH_3 基に対してトランス位置には生じず，$Cl^−$ 基のトランスの位置に生じやすいのである。し

[†] 数多くの癌に有効性が認められているプラチナ製剤で，現在の抗癌剤治療では中心的な役割を果たしている。シスプラチンは抗癌効果も強力であるが，副作用も激しい薬として知られ，その後効用は同等で副作用の低減されたカルボプラチンが開発されている。開発経緯としては1845年に錯体の研究材料として合成された。1965年 B. Rosenberg らは電場の細菌に対する影響を調べているときに，偶然プラチナ電極の分解産物が大腸菌の増殖を抑制し，フィラメントを形成させるのを発見した。1969年，大腸菌に対する細胞分裂阻止作用を応用し，癌細胞の分裂抑制に対する研究が行われ，動物腫瘍において比較的広い抗腫瘍スペクトルを有する化合物であることが判明した。1972年，アメリカ国立癌研究所（NCI）の指導で臨床試験が開始されたが，強い腎毒性のためいったんは開発が中断した。しかし，その後シスプラチン投与時に大量の水分負荷とさらに利尿薬を使用することにより腎障害を軽減することが可能となった。その後の臨床開発により1978年カナダ，アメリカなどで承認され，1983年に日本で承認された。アイエーコール（日本化薬），コナブリ（ブリストル・マイヤーズ），シスプラチン（マルコ，ヤクルト），シスプラメルク（メルク・ホエイ），プラトシン（ファイザー，協和発酵），ランダ（日本化薬）などの商品名で市販されている。

がって，2番目のNH$_3$基はシス型に置換するのである。シスプラチンの作用機序は，図5.4に示すようにDNAの構成塩基であるグアニン（G），アデニン（A）のN-7位に結合し，二つの塩素原子部位でDNAと結合するためDNA鎖内には架橋が形成し，これによりDNAの複製を妨げて癌細胞を死滅させるのである。なお，シス体に比べてトランス体は架橋が形成されにくいため，投与量の制限から臨床的に用いることはできない。

カルボプラチン（CBDCA）[†1]は，シスプラチンの抗腫瘍活性を弱めず，シスプラチンの腎毒性，嘔気・嘔吐などの副作用を軽減することを目的に開発された抗悪性腫瘍剤（抗癌剤）である。カルボプラチンの作用機序は1,1-シクロブタンジカルボン酸配位子の一方がH_2O（OH_2）に変換されることにより活性化されてDNAと結合し，一方が外れた1,1-シクロブタンジカルボン酸基は不安定となり脱離して同様に活性化され，DNAと結合して反応が終了するものである。DNAへの結合部位は，シスプラチンと同様にDNA構成塩基であるグアニンあるいはアデニンのN-7位に結合する。

ネダプラチン[†2]は塩野義製薬が国内最初のプラチナ製剤として開発した抗癌剤で，癌細胞に入ってDNAの複製を阻害して抗腫瘍効果を生み出すものである。すみやかに尿中に排泄され，シスプラチンよりも腎臓に対する毒性が軽減されている。また，オキサリプラチン[†3(次ページ参照)]は第三世代のプラチナ製剤で，上記のシスプラチンなどとは異なる化学構造を持っている。これは体内で活性体に変換され，その活性体が癌細胞内のDNAと結合する。この結合のためDNAの複製および転写が阻害される。癌に対する作用はシスプラチンと

[†1] Johnson Matthey社が合成し，英国の癌研究所，米国の国立癌研究所，米国のブリストル・マイヤーズスクイブ社などが開発した抗悪性腫瘍剤（抗癌剤）である。カルボプラチン（サンド），カルボメルク（マイラン製薬，メルク・ホエイ，日本化薬），パラプラチン（ブリストル・マイヤーズ），カルボプラチン（沢井製薬など）などの商品名で市販されている。

[†2] シスプラチンの毒性をできるだけ抑えることを目的に作られた白金製剤で，日本で研究・開発され，1995年に発売された。これが日本国内で開発された最初の白金製剤である。ただし，血小板減少をはじめとした骨髄抑制は強く現れる。アクプラ（塩野義製薬）の商品名で市販されている。

同じく，2本のDNA鎖と結合してDNAの合成を阻害するのである．オキサリプラチンは，イリノテカンおよびフルオロウラシルとともに，大腸癌治療の標準3剤とされ，またおもに他剤と併用される．

5.1.2 錯体の電子移動反応（酸化還元反応）を基にした機能と応用

錯体の電子移動反応（酸化還元反応）を活用した機能，応用などについては，電気化学的センサー，有機半導体材料，燃料電池の電極触媒材料，制御ラジカル重合用触媒などがある．ここでは，有機半導体材料ならびに燃料電池の電極触媒材料を例に説明する．

〔1〕 **有機半導体材料**

有機材料の特徴である軽量，大面積，可撓性（フレキシブル）などを生かした全有機系デバイスを作製するには，**有機半導体材料**（organic semiconductor material）が必須となる．有機半導体材料にはアセン系，アミン系，チオフェン系，フェニレン系などの有機・高分子化合物があるが，金属錯体としてはCuフタロシアニンおよびその誘導体が検討されている[†1]．**図5.5**に示すように，Cuフタロシアニンはp型半導体材料およびフタロシアニンの水素がすべてフッ素に置き換わったパーフロロCuフタロシアニンはn型半導体材料として使用されている[†2]．Cuフタロシアニンはきわめて高い熱安定性を持つので真空蒸着による製膜も簡単で，$10^{-2}\,\mathrm{cm^2\,V^{-1}\,s^{-1}}$の大きな移動度を有する．ま

---

†3 （前ページの脚注） オキサリプラチンはレボホリナート・フルオロウラシルの持続静注投与法（レボホリナート・フルオロウラシルの持続静注投与法というのは，抗癌剤フルオロウラシル（商品名：5-FU）の効果（細胞毒性）をレボホリナート（商品名：アイソボリン）という薬剤で増強する方法）に本剤を点滴投与で併用する．エルプラット（ヤクルト）の商品名で市販されている．

†1 Cuフタロシアニンは，従来より，フタロシアニンブルーあるいはフタロシアニン青と，パークロロCuフタロシアニン（あるいは高塩素化Cuフタロシアニン）はフタロシアニングリーンあるいはフタロシアニン緑と呼ばれ，それぞれ青と緑の顔料として知られ，道路標識，新幹線車体などの青はフタロシアニンの色である．

†2 p型およびn型半導体とは，電荷を運ぶキャリヤとしてそれぞれ正孔（ホール）および自由電子が使われる半導体のことで，前者は正（positive）電荷を有するキャリヤに基づく半導体なのでp型半導体，後者は負（negative）電荷を有するキャリヤに基づく半導体なのでn型半導体という．

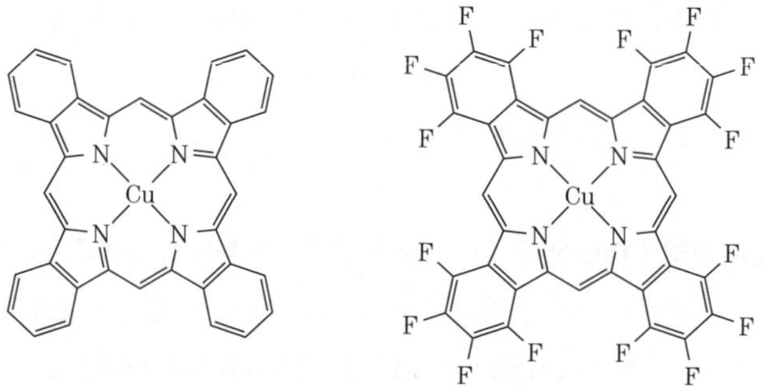

（a）Cu フタロシアニン　　（b）パーフロロ Cu フタロシアニン
　　（p 型半導体材料）　　　　　（n 型半導体材料）

図 5.5 有機半導体材料としての Cu フタロシアニンと
　　　　 パーフロロ Cu フタロシアニン

た，n 型半導体材料は p 型半導体材料に比べて種類も少なく，安定性，移動度なども低いので，大気中での安定性を増強させ，半導体特性も逆転する材料開発としてフッ素導入が検討され，その一つにパーフロロ Cu フタロシアニンがある．

〔2〕 **燃料電池の電極触媒材料**

　現在，**固体高分子形燃料電池**（polymer electrolyte fuel cell，PEFC，**図 5.6**）はアノード（燃料極）およびカソード（空気極）の触媒として Pt 系が使用されているが，Pt 系の省資源，高コストなどを考慮して Pt 使用量の低減や Pt 代替の検討がなされている．これらの検討として，金属錯体を原料とする**電極触媒**（electrocatalyst）研究も行われている．例えば，アノードにおける Pt 系の補助触媒として N,N'-モノ-8-キノリル-o-フェニレンジアミノ-ニッケル（[Ni(mqph)]），N,N'-ビス（サリシリデン）エチレンジアミノ-オキソバナジウム（[VO(salen)]）などの金属錯体を原料とする製造方法で得られる電極触媒 [20% Pt-Ni（mqph）/C，20% Pt-VO（salen）など]があり，① 金属原料の含浸，② カーボン粒子担持，および ③ 嫌気下熱処理の順で作製される．これらの触媒は，Pt 系（さらには Pt-Ru 系）に比べて CO 濃度 100 ppm 程度においても CO 耐性を有している．つぎにカソードの Pt 系代替触媒としてカーボ

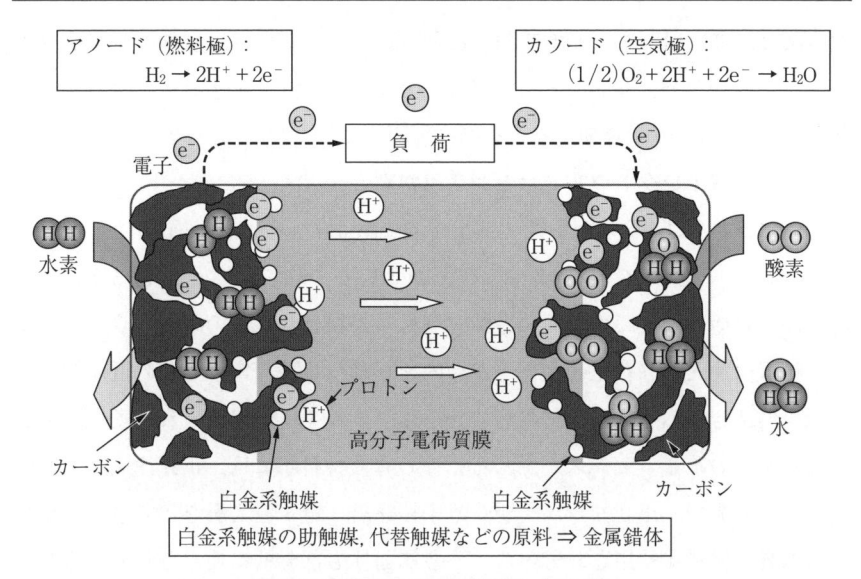

図5.6 固体高分子形燃料電池（PEFC）

ンアロイ触媒が検討され，① フラン樹脂，フェノール樹脂，ポリフルフリルアルコールなどの高分子にCoフタロシアニン錯体，Feフタロシアニン錯体などを添加・混合し，② 高温で炭素化し，③ 酸処理（脱金属処理）することにより調製され，高い**酸素還元反応**（ORR）触媒活性を示している。また，Coポルフィリン修飾カーボン，Coポリピロール修飾カーボンなどの触媒でも有効なORR触媒活性を示している。さらに，これらを熱処理することにより高活性な電極触媒が得られている。特にカーボン，フェナントロリンおよび酢酸鉄を混合し，アルゴン下さらにアンモニア下で熱処理した触媒では優れた出力特性を示すことが報告されている。

5.1.3 錯体の色彩・スペクトル・光（化学）などを基にした**機能と応用**

錯体の色彩・スペクトル・光（化学）などを活用した機能，応用などについては，金属イオン分析試薬，染料，顔料，光学的酸素センサー，有機エレクトロルミネセンス用材料，色素増感太陽電池（DSSC）用色素増感剤，バイオイメージング用蛍光プローブ，光線力学診断（PDD）用薬剤（診断薬）・光線力

学療法（PDT）用薬剤（光増感剤）などがある。ここでは，有機エレクトロルミネセンス用材料，色素増感太陽電池（DSSC）用色素増感剤，光線力学療法（PDT）用薬剤（光増感剤）などを例に説明する。

〔1〕 **有機エレクトロルミネセンス用材料**

有機エレクトロルミネセンス（organic electroluminescence，有機 EL）におけるエネルギー準位ダイアグラムおよび積層型素子（デバイス）は，**図5.7**に示すように，陽極と陰極の両極間に各種有機材料が挟まれ，この陽極と陰極から有機材料層に注入された正孔と電子が層内を移動（正孔，電子などの電荷輸送）して，再結合する際に有機材料層の分子にエネルギーが与えられて蛍光，あるいはりん光のルミネセンスが生じる。この有機材料層には，正孔注入層，正孔輸送層，発光層，正孔ブロック層，電子輸送層，電子注入層などで構成され，各種の有機材料が使用されているが，金属錯体も部分的に使用されている。

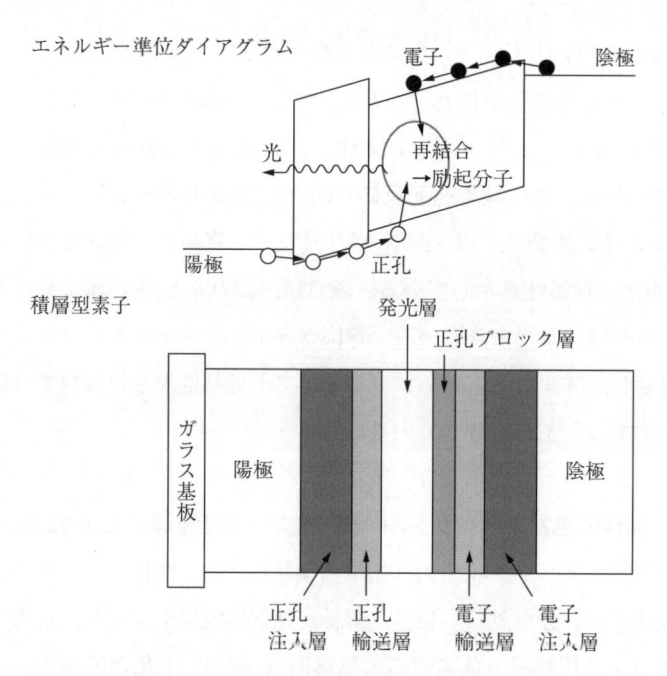

図5.7 有機エレクトロルミネセンスにおけるエネルギー準位ダイアグラムおよび積層型素子

例えば，蛍光発光型有機エレクトロルミネセンス材料の正孔輸送・注入層材料としてCuフタロシアニン（図5.5）が用いられており，正孔輸送・注入の目的以外にITO[†1]表面モルフォロジー（形状）の影響を軽減する役割も有する。キャリヤ輸送性の発光層材料[†2]として，キャリヤ輸送性発光材料単一から成る薄膜層で行われる場合の材料[†2]ではキノリノール系Al錯体（Alq$_3$およびBAlq），キノリノール系Be錯体（Bepp$_2$）などが用いられ，緑色の発光材料として用いられている（**図5.8**）。特に，8-キノリノール配位子の割合を変化させて他の配位子を入れることにより（Alq$_3$からBAlqへの検討），色の調節が可能である（発光波長の短波長シフトに基づく青みがかった発光色となる）。正孔阻止層材料[†3]としてキノリノール系Al錯体（SAlq）が用いられている（**図5.9**）。

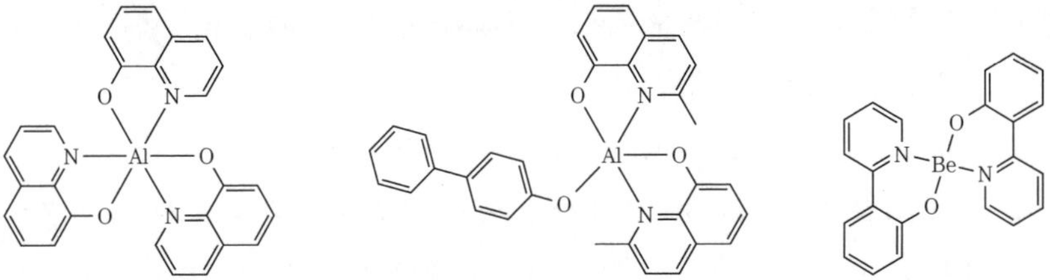

（a）Alq$_3$　　　　　　（b）BAlq　　　　　　（c）Bepp$_2$

図5.8　キャリヤ輸送性発光材料としてのキノリノール系Al錯体（Alq$_3$およびBAlq）およびキノリノール系Be錯体（Bepp$_2$）

[†1] ITOはindium tin oxide（tin-doped indium oxide）の略で，酸化インジウムスズのことである。透明な電極で，陽極とガラス基板の役割を担っている。

[†2] 図5.7に示した薄膜積層型有機エレクトロルミネセンス素子の発光層は，（1）正孔・電子の両キャリヤの輸送，（2）再結合による励起状態分子の形成および（3）光の放出による緩和の過程が行われ，これらの過程を①キャリヤ輸送性発光材料の単一から成る薄膜層で行われる場合と，②発光のみあるいは再結合と発光の過程を共有する発光ドーパント材料と残りの過程を果たすホスト材料の混合層で行われる場合に分類できる。また，発光層材料には光の3原色：緑色，青色および赤色があり，緑色は上記の金属錯体であるが，青色はジスチリルアリーレン系化合物，アリールアミン系化合物などが，および赤色は非対称アリールアミン系化合物，ビススチリルナフタレン系化合物などが用いられている。

[†3] 正孔（ホール）を発光層内に閉じ込めるための阻止層である。

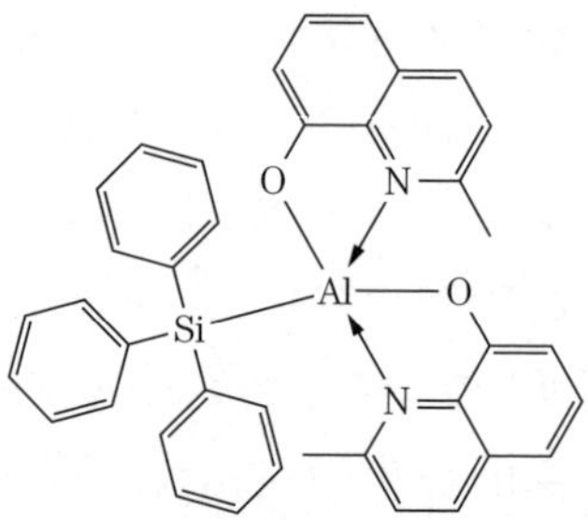

図5.9 正孔阻止層材料としてのキノリノール系Al錯体(SAlq)

また，励起状態からの発光効率の高いりん光発光型有機エレクトロルミネセンス材料[†]としては，正孔および電子の注入・輸送層材料は蛍光発光型と同じであるが，発光層材料としては発光のみあるいは再結合と発光の過程を共有する発光ドーパント材料と残りの過程を果たすホスト材料の混合層で構成されるので[†(前ページの脚注2参照)]，そのドーパント材料としてPt，Os，Ir，ユーロピウム(Eu)などの金属錯体が用いられている。

図5.10に示すように，緑色系りん光ドーパント材料としては，トリフェニルピリジルIr錯体（$Ir(ppy)_3$）およびその誘導体を4,4'-カルバゾールビフェニレン（CBP，ホスト材料）にドープしたものが使用され，デンドリマー型$Ir(ppy)_3$も用いられている。青色系りん光ドーパント材料としては，フッ素置換ビスフェニルピリジル系Ir錯体（FIrpic）を4,4'-ジカルバゾール-2,2-ジメチルビフェニレン（CDBP），2,6-ジカルバゾールベンゼン（m-CB）など（ホスト材料）にドープしたものが使用されている。赤色系りん光ドーパント材料としてはPtオクタエチルポルフィリン（PtOEP）をAlq_3（ホスト材料）にドープしたものが，あるいはPtOEPまたはIrビスチエニルピリジル系錯体

[†] ルミネセンスは蛍光とりん光に分類でき，従来においては励起をやめてただちに発光が止まるものを蛍光，そして励起を止めた後も残光が観測されるものをりん光と定義した。しかしながら，図3.9の光化学反応で説明したように，緩和過程が一重項励起状態から基底状態への遷移の場合には，緩和の進行は早く，励起を中断するとただちに発光も停止し，残光のないルミネセンスとなる。これより蛍光を一重項励起状態から基底状態への，およびりん光を一重項以外の励起状態（三重項，重原子化合物における多重項励起状態など）からの，緩和遷移に伴う発光と定義している。

りん光ドーパント材料
(緑色)　　　　　　　　　　(青色)　　　　　(赤色)

Ir(ppy)₃　　　　Flrpic　　　PtOEP

デンドリマー Ir(ppy)₃　　　btp₂Ir(acac)

ホスト材料

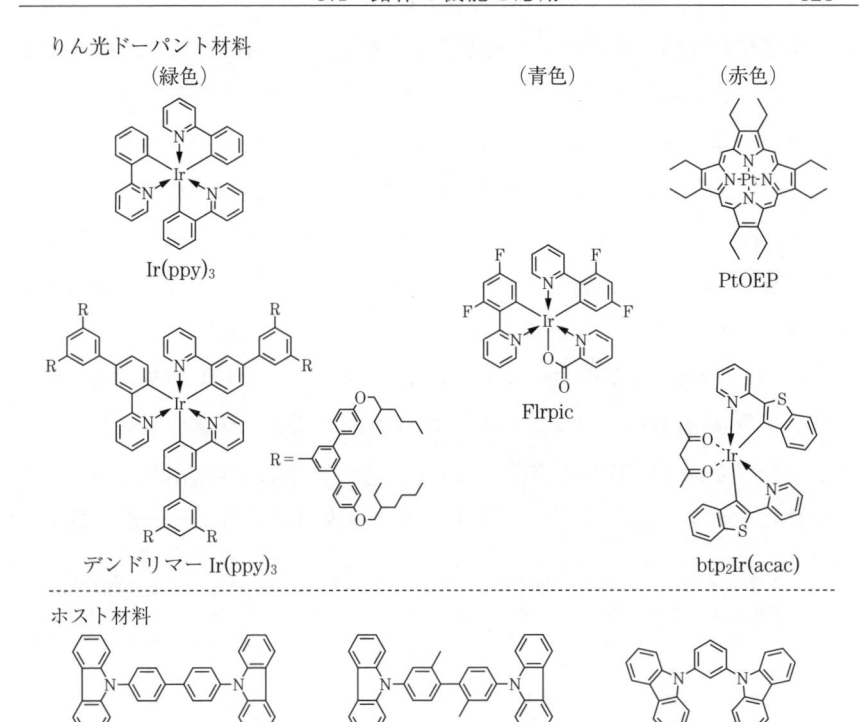

CBP　　　CDBP　　　*m*-CP

図5.10　りん光発光型有機エレクトロルミネセンスにおける発光ドーパント材料およびそのホスト材料

(btp₂Ir (acac)) を CBP (ホスト材料) にドープしたものが使用されている。

〔2〕 色素増感太陽電池（**DSSC**）用色素増感剤

色素増感太陽電池 (dye-sensitized solar cell, DSSC または DSC と略)[†]は，光エネルギーを電気エネルギーに変換する太陽電池の一種で，**グレッツエルセル**（グレッツエル（スイス）が発明）とも呼ばれ，唯一の湿式太陽電池であ

---

† 有機化合物系太陽電池には，DSSC 以外に乾式太陽電池の有機薄膜型太陽電池があり，ポリチオフェン系，ポリフェレンビニレン系，チオフェン/ピロール共重合体系，アセン系，フタロシアニン系，ポルフィリン系などのp型の導電性高分子や色素・顔料とn型のフラーレンやカーボンナノチューブ系，パーフロロフタロシアニン系などのカーボンや顔料を組み合わせた有機薄膜半導体を用いる太陽電池である。ここでも上述した有機半導体材料の金属錯体を用いて作製することができ，ショットキー接合型と pn（ヘテロ）接合型がある。

る。半導体の光励起を利用する光化学反応ではバンドギャップ以上のエネルギーを持つ光の照射が必要であるが，n型半導体に色素を吸着させた場合には，その伝導帯レベルよりも色素の最低空軌道（LUMO[†1]）のエネルギーが高いときに色素を光励起すると，色素から半導体へ励起電子が移動するため，半導体を直接光励起できないような長波長の光も有効に利用できる。この現象を**色素増感**といい，特に有機色素を用いて光起電力を得る太陽電池を**色素増感太陽電池**（DSSC）という。図5.11に示すように，多孔質の（メソポーラスな[†2]）n型半導体である酸化チタン（n-TiO_2，以下TiO_2と略）電極の表面にビピリジン系Ru錯体（ブラックダイ，N719およびN3）の色素を吸着させ，色素が光吸収を行ってTiO_2に電子を注入し，次いで色素がヨウ化物イオン／三ヨウ化物イオン（I^-/I_3^- [†3(次ページ参照)]）のレドックス対を含む溶液から電子を

[†1] 有機電子論においては，求核剤では電子密度が高い部分，そして求電子剤では電子密度の低い部分が反応点と考えられていた。ある点での電子密度は，一体近似の下ではすべての占有されている分子軌道（占有軌道）を用いて求められるので，有機電子論の考え方ではすべての占有軌道が反応に関与しているということになる。これに対してフロンティア軌道理論においては，求核剤では電子により占有されている分子軌道のうち最もエネルギーの高い軌道（最高被占軌道，highest occupied molecular orbital, HOMO）の最も確率密度の高い部分が，そして求電子剤では電子により占有されていない分子軌道のうち最もエネルギーの低い軌道（最低空軌道，lowest unoccupied molecular orbital, LUMO）の最も確率密度の高い部分が反応点となると主張された。これらの軌道のことで，**フロンティア軌道**という。

[†2] 多孔質材料は，分離材，吸着材，触媒やその担体などに使用されている。多孔質TiO_2も光電極（電極触媒＋電極）として使用されている。多孔質材料の性質は細孔の直径（細孔径），分布や配列，細孔内の表面構造などにより決定される。特に，細孔径は多孔質材料の性質を決定する大きな要素であり，IUPACで①細孔径～2nm：ミクロポア，②2～50nm：メソポアおよび③50nm～：マクロポアと分類されている。特に，ミクロ孔とマクロ孔の中間であるメソ孔を持つ材料，すなわちメソポーラス材料が多数検討されている。特に1992～1993年頃にMCM-41, FSM-16などと呼ばれるメソポーラスシリカが見い出された。メソポーラスシリカは界面活性剤ミセルを構造鋳型剤に用いて合成され，高比表面積（1000 m^2/g以上）を有し，円筒状のメソ細孔がハニカム状に規則正しく配列していることが特徴である。これ以降さまざまな種類の界面活性剤ミセルを構造鋳型剤として用いた新規のメソポーラスシリカが合成され，さらに触媒作用や半導体的特性を有する遷移金属酸化物を骨格としたメソポーラス材料，すなわち（Al_2O_3, Nb_2O_5, Ta_2O_5, TiO_2, ZrO_2, SnO_2などの）遷移金属酸化物のメソポーラス材料が合成された。メソポーラスTiO_2もその一つである。またメソポーラス材料と類似語・同意語として，ナノポーラス材料（ナノオーダーの均一サイズ孔が規則的に並んだナノサイズ空間を有する材料）が用いられる場合もある。

5.1 錯体の機能と応用

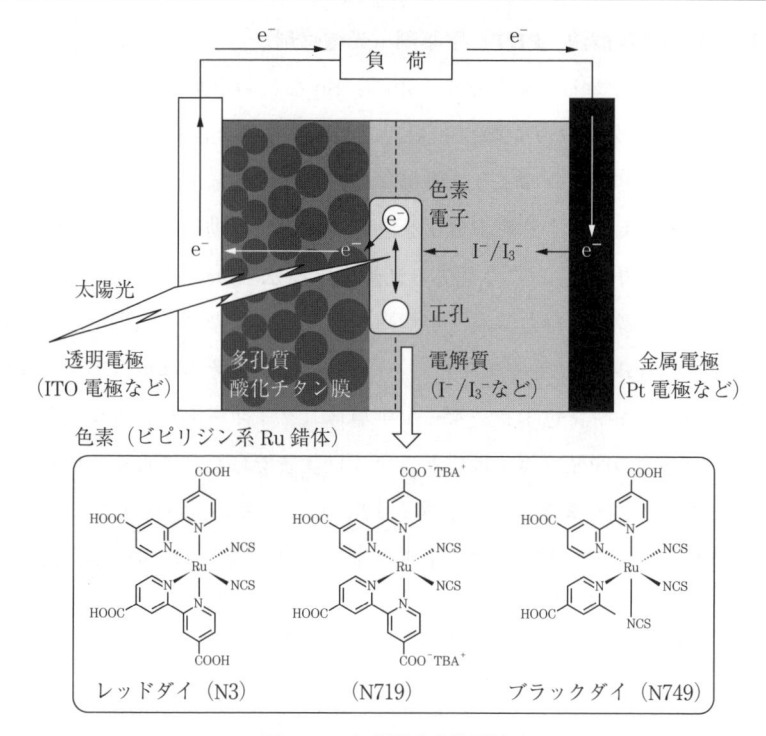

図 5.11 色素増感太陽電池

奪って還元されることにより電流が流れるということを見い出した。このように DSSC において色素増感剤として Ru^{2+} のビピリジン系 Ru 錯体が使用されている。なお，DSSC は発電機構が従来の接合型太陽電池とは異なり，光合成の光活性中心であるクロロフィル色素[†]が行う光誘起電子移動と似た電子移動過程で発電される。

[†3] （前ページの脚注）ヨウ化物イオン(I^-)は -1 価の電荷を帯びたヨウ素原子，三ヨウ化物イオン(I_3^-)は三つのヨウ素原子による多原子アニオンを意味する。ヨウ化銀とヨウ化鉛を除いて，ほとんどのイオン性ヨウ化物は水に溶け，ヨウ素はヨウ化物水溶液によく溶けて茶色の三ヨウ化物イオンを形成する：$I^-(aq) + I_2(s) \rightleftarrows I_3^-(aq)$。

[†] クロロフィル色素は，光合成の明反応で光エネルギーを吸収する役割を持つ化学物質で，葉緑素ともいう。四つのピロールが環を巻いた構造であるテトラピロールに，フィトールと呼ばれる長鎖アルコールがエステル結合した基本構造である。環構造，置換基などが異なる数種類が知られており，一つの生物が複数の種類を持つことも珍しくない。植物では葉緑体のチラコイドに多く存在する。天然に存在するものは，一般にマグネシウムイオンがテトラピロール環中心に配位した構造である。

〔3〕 **光線力学療法（PDT）用薬剤（光増感剤）***

大環状配位子である金属フリー，Zn^{2+}，Sn などのポルフィリン，クロリンあるいは 5-アミノレブリン酸（5-ALA，ポルフィリン前駆体，投与後細胞内でポルフィリンとなる）のような腫瘍集積性の光増感剤をレーザーにより励起し，エネルギー変換により酸素分子を励起，活性化（励起一重項状態酸素）して殺細胞効果を引き起こす治療法を**光線力学療法**（photo-dynamic therapy，PDT）という。特に光線力学療法が飛躍的に発展したのは，内視鏡診断の進歩（内視鏡観察から内視鏡治療まで），レーザーの出現とその進歩（アルゴン色素レーザーからエキシマ色素レーザー，半導体（ダイオード）レーザーなどへ），優れた光増感剤の開発（第1世代から第4世代まで）などによる。代表的な光増感剤とその特性を**表 5.2** および**図 5.12** に示す。特に，フォトフリン（ポルフィマーナトリウム，ポリヘマトポルフィリン エーテル／エステル）およびレ

表 5.2 臨床応用が期待できるポルフィリン関連化合物などの増感剤

光増感剤[*1]	フォトフリン (PHE)	レザフィリン (NPe6)	BPD-MA	ALA	ATX-S10 (Na)	SnET2	Lu tex
ステージ	臨床	臨床	臨床	臨床	前臨床	フェーズⅡ	フェーズⅡ
波長〔nm〕	630	664	690	630	670	660	730
臨床用量〔mg/kg〕	2.5	5〜10	0.25〜0.5	20（経口）	—	—	—
排泄時間[*2]〔h〕	>72	96	24	24	24	96	24
暗所制限時間[*3]〔d〕	28	3〜7	3〜7	約2	約2	約7	3
水溶性	可溶	可溶	不溶	可溶	可溶	不溶	可溶

〔注〕　[*1] フォトフリン（PHE）：ポルフィマーナトリウム（図 5.12）
　　　　　レザフィリン（NPe6）：タラポルフィンナトリウム，クロリン誘導体（図 5.12）
　　　　　BPD-MA：ヒドロ-モノベンゾポルフィリン，ポルフィリンの誘導体で水に不溶なのでリポソームに含有して用いる。
　　　　　ALA：5-アミノレブリン酸，生体内でプロトポルフィリン IX に代謝される。
　　　　　ATX-S10（Na）：フォトクロリン誘導体で両親媒性物質。
　　　　　SnET2：スズエチルエチオパープリン，金属パープリン誘導体で，水に不溶。
　　　　　Lu tex：ルテチウムテキサフィリン，ポルフィリン誘導体で，水に可溶で，静脈注射で投与可能。
　　　　[*2] 光増感剤の体内より排泄されるまでの時間
　　　　[*3] 光線力学療法（PDT）後，暗所下で患者が生活する時間

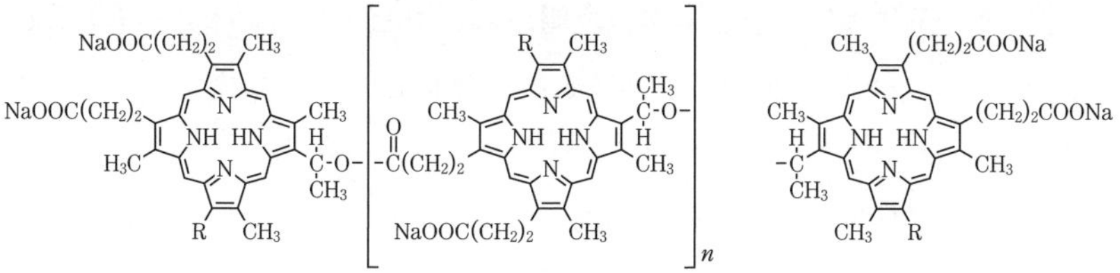

(a) フォトフリン

$n = 0〜6$, R = HO−CH− または CH=CH$_2$
            |
            CH$_3$

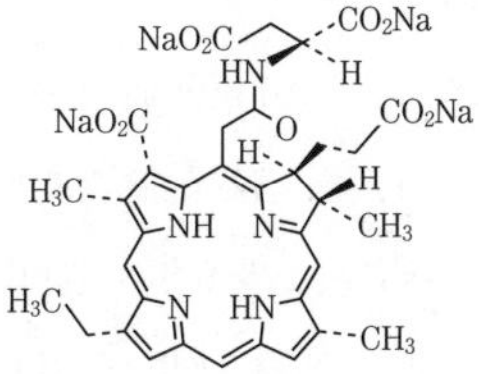

(b) レザフィリン

図 5.12 フォトフリンおよびレザフィリン

ザフィリン（タラポルフィンナトリウム，2S,3S-18-カルボキシレート-20-[N-(S)-1,2-カルボキシレートエチル]-13-エチル-3,7,12,17-テトラメチル-8-ビニルクロリン-2-プロパノエート4ナトリウム塩, NPe6）は，ヘマトポルフィリンを第1世代の光増感剤とすると，それぞれ第2および第3世代の光増感剤といわれており，効果の向上が見られる。また，第4世代の光増感剤として，ポルフィリン前駆体であり，生体内でプロトポルフィリンIXに代謝される5-アミノレブリン酸（ALA）も注目されている。

5.1.4 錯体の集積化・超分子化を基にした機能と応用

錯体の集積化・超分子化を活用した機能，応用などには，電気的特性を有する錯体，錯体による自己組織化膜，ナノ〜サブミクロン構造薄膜用プレカーサー材料，多核錯体による分子磁石，デンドリマー金属錯体の利用，金属錯体液晶，金属錯体分子集合体の電極触媒，自己集積能金属錯体，配位高分子錯体結晶などがある。ここでは，デンドリマー金属錯体の利用，自己集積能金属錯

体，配位高分子錯体結晶などを例に説明する．なお，金属錯体分子集合体の電極触媒については，次節（5.2　錯体と生物無機化学・生体模倣化学）で詳細に説明する．

〔1〕　デンドリマー金属錯体の利用

金属あるいは金属錯体が導入された**デンドリマー**（dendorimer）は**図5.13**に示すように分類され，金属あるいは金属錯体が（a）コア（中心部），（b）末端，（c）分岐部，（d）主鎖，（e）側鎖，および（f）ランダムに存在する場合がある．その利用法に応じて設計，合成され，合成触媒，高効率化発光，アンテナ効果，**磁気共鳴イメージング**（magnetic resonance imaging, MRI）用造影剤，有機EL用材料，ナノ粒子作製，精密金属集積などに利用される．例えば金属錯体が図（a）コア（中心部）にある例（**図5.14（a）**）として，トリカルボキシレート系テルビウム（Ⅲ）錯体（Tb(OC(=O)R)$_3$, R：デンドロン）のデンドリマーがあり，Tb^{3+}をデンドロンで覆うことにより自己凝集抑制，溶媒排除効果，消光抑制などが生じて高濃度での高い発光効率が得られる．金属錯体が図5.14（b）の末端にある例として，テトラアザシクロテトラデカン

（a）　コア（中心部）　　（b）　末　端　　（c）　分岐部

（d）　主　鎖　　（e）　側　鎖　　（f）　ランダム

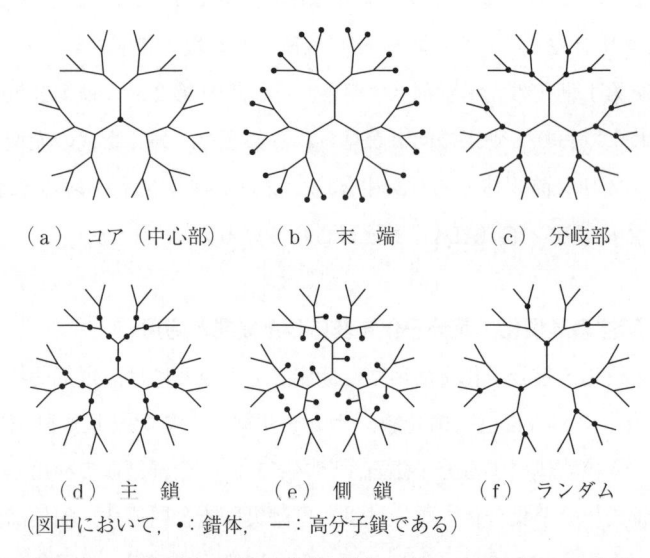

（図中において，●：錯体，─：高分子鎖である）

図5.13　金属あるいは金属錯体が導入されたデンドリマーの分類

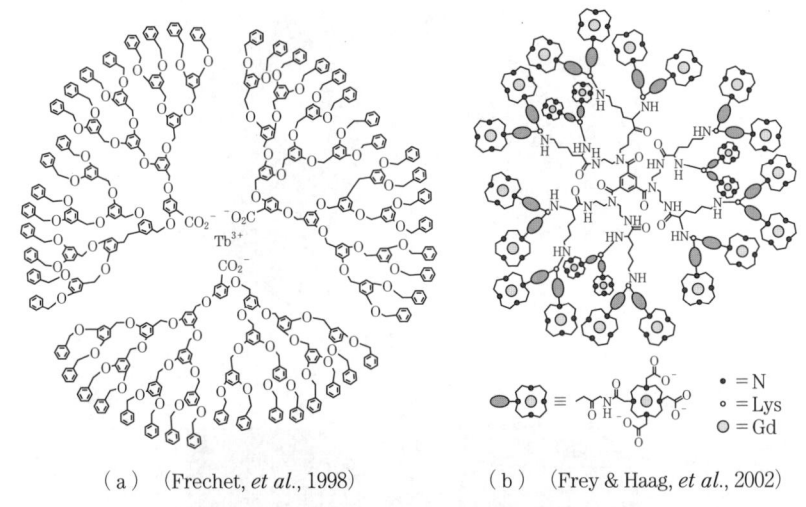

(a)　(Frechet, *et al.*, 1998)　　　(b)　(Frey & Haag, *et al.*, 2002)

図 5.14　金属錯体が（a）コア（中心部）および（b）末端にあるデンドリマー

(cyclam) 系ガリウム錯体（Ga(cyclam)）のデンドリマーがあり，デンドリマー固定による分子運動抑制，等価な錯体環境などにより Ga 錯体濃度や Ga 錯体 - プロトン相互作用の向上，さらには生体内での滞留時間の延長，高いコントラストの造影などが可能になり，MRI 用造影剤として期待されている．

〔2〕　**配位高分子錯体結晶（多孔性配位高分子あるいは金属-有機構造体）**

多孔性配位高分子（porous coordination polymer, PCP）あるいは**金属-有機構造体**（metal-organic framework, MOF）は，金属イオンと有機物の配位結合を利用して多孔性構造を形成する錯体化学を基盤とする材料で，金属イオンとそれらを連結する架橋性の配位子の組合せにより細孔を有する結晶性の高分子構造体（**図 5.15**）である．その特性は，生体高分子のようなソフトな特性と結晶のような（硬さよりも）規則正しい特性を兼ね備えたものである．さらに興味深いのは，PCP（あるいは MOF）をホスト材料とすると，第 1 世代ではゲスト化合物が除去されると崩壊し，添加により構造体を形成するような材料（あるいはホスト構造体の破壊と形成によりゲストの排出と添加が生じる材料），第 2 世代では構造体においてゲスト化合物が可逆的に除去・添加できる材料（あるいはホスト構造体の破壊・変形なしに可逆的にゲストの排出と添加

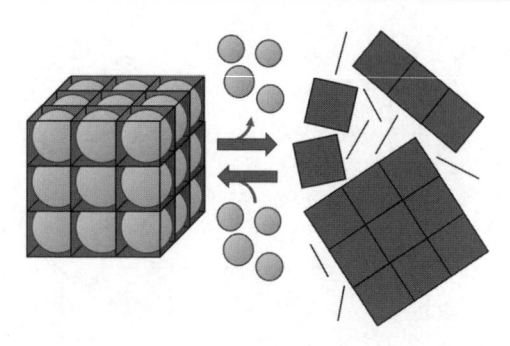

(a) 第1世代

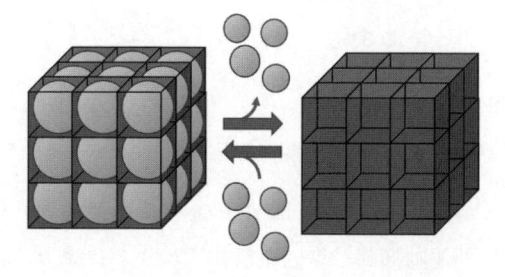

(b) 第2世代

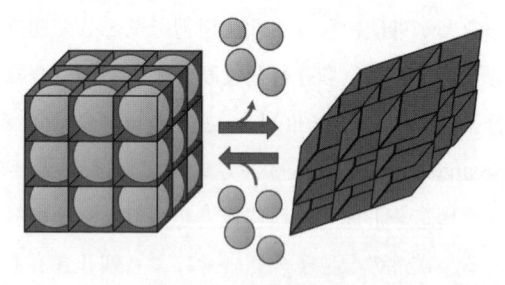

(c) 第3世代

図 5.15 PCP あるいは MOF の特徴

が生じる材料），第3世代ではゲスト化合物が除去されると変形し，添加により元の構造体を形成するような材料（あるいは構造体の変形によりゲスト化合物が除去され，元の構造体に戻ると再びゲスト化合物が加わる材料）のようなさまざまな PCP（あるいは MOF）が構築されている。PCP（あるいは MOF）を構成する金属イオンは，周期表のほとんどすべての金属で，例えば Co^{2+}，

Ni^{2+}, Cu^{2+}, Zn^{2+}などが多用される. 配位子としては酸素 (O) および窒素 (N) ドナー性配位子が多く, 例えば1,4-ベンゼンジカルボン酸 (テレフタル酸), 4,4′-ビピリジル, イミダゾールなどである. 合成法は溶液法, 水熱法, マイクロ波法, 超音波法, 固相合成法などがあり, その利用としてはガス貯蔵, ガス分離, 不均一触媒などがある. 例えばガス貯蔵においては水素, メタン, 二酸化炭素などの貯蔵が検討され, 実用化の高いメタン, 二酸化炭素などへの検討が進んでいる. 特に, $[Cu_2(H_2O)_2(adip)]$ (adip : 5,5′-(9,10-アントラセンジイル) ジイソフタレート) を単位とするPCPにおいて220 cm^3(STP) cm^{-3}[†1] (290 K, 35 bar) というメタン貯蔵量を記録している. 今後, PCP (あるいはMOF) のさらなる研究開発が期待される.

5.2 錯体と生物無機化学・生体模倣化学

生体における化学組成は**表5.3**の上段に示すように大部分が水であり, そのつぎにタンパク質, 糖質, 脂質, 核酸などの有機物が占める. しかしながら無機物も生体に数%含まれる. 表5.3の中・下段に示すように多くの金属が存在する. 大半の金属成分はCa, K, Na, Mgなどのアルカリ金属, アルカリ土類金属などで, 構造安定 (骨成分), 電荷中和 (体液成分), 電圧ゲート (生体膜での輸送機能) などの機能を有する. しかしながらここで注目したいのは, 微量金属および超微量金属である[†2]. これらのほとんどが遷移金属であり, 非タンパク質系の活性中心そしてタンパク質系 (金属タンパク質および金属酵素)

---

†1 気体貯蔵量は, 単位体積当り(cm^{-3})の標準状態 (1気圧, 0℃) における気体体積 (cm^3(STP)) で表すので, cm^3(STP)cm^{-3} と記載する. この場合, 220 cm^3(STP)cm^{-3} (290 K, 35 bar) は, 290 K, 35 barにおいて220cm^3(STP)cm^{-3} ということである. なお, この値はアメリカ合衆国エネルギー省が設定した目標値180 cm^3(STP)cm^{-3} (298 K, 35 bar) を満たす値でもある.

†2 一般に生元素とは生物が正常な活動を営むために必要な元素で, 主要生元素と微量生元素に分類される. C, O, N, H, S, P, Ca, K, NaおよびMgは主要生元素あり, 有機物, 無機物の大半の金属, 金属イオンと反対電荷のイオンなどである. さらにB, F, Si, V, Cr, Mn, Fe, Co, Ni, Cu, Zn, As, Se, Mo, SnおよびIは微量生元素であり, 無機物の微量および超微量の金属, その他の元素などから成る.

表5.3 生体の化学組成およびその無機物組成

「生体の化学組成（wt%, 75 kg 成人男子）」						
水	タンパク質	糖質	脂質	核酸		無機物
60	17	0.5	15	1.2		5

「無機物組成（g/75 kg 成人男子）」							
Ca	K	Na	Mg	Fe	Zn	Cu	
1 100	160〜200	70〜120	25	4〜5	2〜3	0.08〜0.12	
大半の金属 （アルカリ金属，アルカリ土類金属） ↓機能 ① 構造安定（骨成分） ② 電荷中和（体液成分） ③ 電圧ゲート（生体膜での輸送機能）				微量の金属 （遷移金属など） ↓機能 ① 電子移動など（金属タンパク質など） ② 触媒作用（金属酵素など）			
Sn	Mn	Al	Pb	Mo	Co	Cr	V	Ni	…
0.03	0.02	0.02	0.02	0.01	0.002	0.002	0.015	極微量	…

超微量の金属
（遷移金属など）
　↓機能
① 電子移動など（金属タンパク質など）「金属生体分子に含まれる」
② 触媒作用（金属酵素など）

の活性中心である金属錯体，金属イオンなどである．これらを総称して**金属生体分子**（metallobiomolecules）という．金属生体分子は**表5.4**のように分類され，さまざまな役割を担っている．このような金属生体分子を研究する無機化学の一分野を**生物無機化学**（bioinorganic chemistry あるいは inorganic biochemistry）と呼ぶ．また，生体で起こる物質認識，物質輸送，物質貯蔵，物質変換，さらにエネルギー変換などの特異的な機能を科学的に捉えて模倣し，生体で生じる機能の解明，その**模倣体**（mimics）による先端材料の創製などを研究するのが**生体模倣化学**（biomimetic chemistry）である．例えば，金属生体分子であるヘムタンパク質などについて生物無機化学（機能）と生体模倣化学（応用）の関係についての例を**表5.5**に示す．

さらに生体において重要なことの一つに，われわれ生物は太陽系の地球に住み，太陽からのエネルギーを得ることによってこの生物界が構築されている．この生物界におけるエネルギー変換と金属生体分子の関係を考えてみると**図5.16**に示すようになる．

表5.4 金属生体分子の分類

非タンパク質系
 (1) 金属輸送・貯蔵系   シデロフォア（成分金属 Fe）
           骨格成分（Ca, Si）
           Na・K-輸送系（Na, K）
 (2) 光酸化還元系   クロロフィル（Mg）
           光化学反応系II（Mn）
タンパク質系
 (1) 金属タンパク質（物質の輸送と貯蔵を担うもの）
  1) 電子輸送系   シトクロム類（Fe：ヘム）
           鉄-硫黄タンパク質系（Fe：非ヘム）
           ブルー銅タンパク質系（Cu：タイプI）
           非ブルー銅タンパク質系（Cu：タイプII）
  2) 金属輸送・貯蔵系 フェリチン（Fe）
           トランスフェリン（Fe）
           セルロプラズミン（Cu：タイプII）
  3) 酸素輸送・貯蔵系 ミオグロビン（Mb, Fe：ヘム）
           ヘモグロビン（Hb, Fe：ヘム）
           ヘムエリスリン（Fe：非ヘム）
           ヘモシアニン（Cu：タイプIII）
 (2) 金属酵素（触媒作用を担うもの）
  1) 加水分解酵素   ホスファターゼ（Mg, Zn, Cu）
           アミノペプチターゼ（Mg, Zn）
           カルボキシペプチターゼ（Zn）
  2) 酸化還元酵素   オキシダーゼ（Fe, Cu）
           （電子受容体分子状酸素などを用いて基質の酸化を触媒する酵素）
             アスコルビン酸酸化酵素（Cu：マルチ銅）
             シトクロム c 酸化酵素（Fe：ヘム，Cu：マルチ）
           レダクターゼ（Fe, Cu, Mo）
           （デヒドロゲナーゼに含まれる酵素の一群，硫酸還元酵素，フマル酸還元酵素など。電子供与体から水素移動の不明な酵素もある）
             亜硝酸還元酵素（Cu：マルチ）
           ニトロゲナーゼ（Fe, Mo, V）
           （大気中の窒素をアンモニア還元する反応を触媒する窒素固定酵素）
           ヒドロキシラーゼ（Fe, Cu, Mo）
           （水酸化酵素→モノオキシゲナーゼ）
             シトクロム P-450（Fe：ヘム）
           ヒドロゲナーゼ（Fe, Ni）
           （分子状水素による基質還元を触媒する酵素）
           スーパーオキシドジスムターゼ（Fe, Cu, Mn）
           （超過酸化物不均化酵素。その反応を触媒する酵素）
           Cu-ZnSOD（Cu：タイプII, Zn）
           FeSOD（Fe）
           MnSOD（Mn）
           その他
           ペルオキシダーゼ（Fe：ヘム）
           カタラーゼ（Fe：ヘム）
  3) 異性化酵素・シンセターゼ ビタミン B_{12} コエンザイム（Co）

表5.5 金属生体分子であるヘムタンパク質などについての生物無機化学（機能）と生体模倣化学（応用）の関係

金属生体分子 （ヘムタンパク質など）	生物無機化学 （機能［化学反応］）	生体模倣化学（応用）
ヘモグロビン	血液中での O_2 運搬 $[\{Fe(II)P\}_4 + 4O_2 \rightleftarrows \{Fe(II)P-O_2\}_4]$	人工血液（酸素運搬体）
ミオグロビン	抹消組織での O_2 貯蔵 $[Fe(II)P + O_2 \rightleftarrows Fe(II)P-O_2]$	
シトクロム類	エネルギー生成系での e^- 移動 $[Fe(III)P + e^- \rightleftarrows Fe(II)P]$	生体内小分子（活性酸素種など）センサー
シトクロム c 酸化酵素	エネルギー生成系での O_2 還元触媒 $[O_2 + 4e^- + 4H^+ \rightarrow 2H_2O]$	燃料電池の電極（燃料極，空気極）触媒
シトクロム P-450	代謝系での O_2 添加触媒 $[S + O_2{}^* + XH_2 \rightarrow SO^* + X + H_2O]$	人工酵素系
ペルオキシダーゼ	生体中での H_2O_2 の利用触媒 $[H_2O_2 + XH_2 \rightarrow 2H_2O + X]$	抗酸化剤（含抗癌剤）バイオセンシングシステム
カタラーゼ	生体中での H_2O_2 の消失触媒 $[2H_2O_2 \rightarrow 2H_2O + O_2]$	
スーパーオキシドジスムターゼ	生体中での $O_2{}^-$ 消失触媒 $[O_2{}^- + 2H^+ \rightarrow H_2O_2 + O_2]$	
クロロフィル	植物での光合成 [光エネルギー → 化学エネルギー（エネルギー変換）]	人工光合成系

　まず，太陽から放射エネルギーが生じる。それが自養成細胞（植物など）での光合成により電子伝達系を経ての電気エネルギーから生体エネルギー（ATP）を生成し，それを消費することによって化学エネルギーが産み出され，それを用いて二酸化炭素（CO_2）と水（H_2O）から有機物（糖類など）と酸素（O_2）が得られる。

　つぎに，他養性細胞（動物など）での（広義の）呼吸により，有機物（糖類など）を酸素（O_2）で酸化分解して化学エネルギーを得，電子伝達系を経ての電気エネルギーから生活現象に必要な生体エネルギー（ATP）を得る。他養性細胞（動物など）は，その生体エネルギー（ATP）を消費することにより，生体物質の合成，物質の能動輸送，機械的仕事，電気的仕事などの生活現象を実行することができる。

　その際多くの金属生体分子が用いられている。すなわち光合成ではクロロ

5.2 錯体と生物無機化学・生体模倣化学

```
                              太 陽
                                │
                             放射エネルギー
                                │
         自養性細胞           電子伝達
         集光型クロロフィル        │  電気エネルギー
           タンパク質（PS-Ⅱ, PS-Ⅰ）  ↓
  光合成   マンガンクラスター など    ADP ⇄ ATP
                                    │
                                 化学エネルギー
                                    ↓
                         有機物（糖類など） ⇄ 二酸化炭素（CO₂）
                         酸素（O₂）         水（H₂O）
         他養性細胞                     │
         ヘモグロビン，ミオグロビン      化学エネルギー
  呼 吸   呼吸鎖電子伝達系（シトクロム   ↓
         類，シトクロム c 酸化酵素）など   電子伝達
                                    │  電気エネルギー
                                    ↓
                              ADP ⇄ ATP
         シトクロム P-450              │
         スーパーオキシドジスムターゼ    化学エネルギー
  生活現象 ペルオキシダーゼ，カタラーゼなど  ↓
                         「生体物質合成，物質輸送，（機械的・電気的）仕事」
```

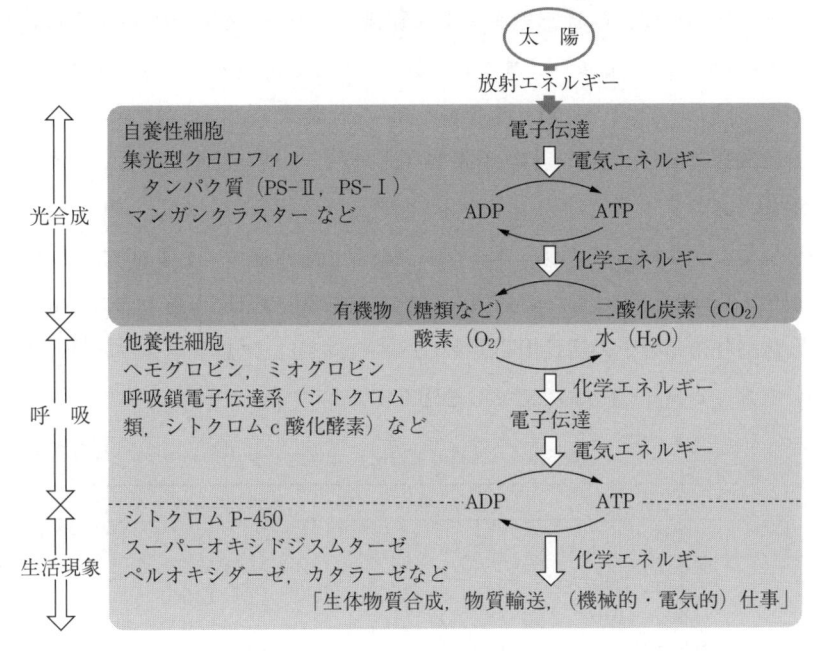

図5.16 生物界におけるエネルギー変換と金属生体分子の関係

フィルなどが，呼吸ではヘモグロビン，ミオグロビン，シトクロム類，シトクロム c 酸化酵素などが，さらに生活現象では多くの輸送・貯蔵系の金属タンパク質，シトクロム P-450，スーパーオキシドジスムターゼ，ペルオキシダーゼ，カタラーゼなどが関与している。

ここでは，表5.4を網羅的に説明するのは紙面的にも難しいので，金属生体分子の分類（表5.4）および生物界におけるエネルギー変換（図5.16）を考慮した代表的な例としてヘモグロビン・ミオグロビン，シトクロム c 酸化酵素およびスーパーオキシドジスムターゼを説明する。さらに，その金属錯体さらには生物無機化学の内容から生体模倣化学への連携をも考慮した先端材料に関する研究例も併せ述べることにする。

5.2.1 ヘモグロビン・ミオグロビンとその模倣

脊椎動物の金属生体分子のタンパク質系において**分子状酸素**（molecular

oxygen：酸素分子，O_2）を運搬および貯蔵するのが，それぞれ**ヘモグロビン**（hemoglobin, Hb）および**ミオグロビン**（myoglobin, Mb）である（**表** 5.6）。いわゆる呼吸（狭義の呼吸）を担い，Hb が**赤血球**（red blood cell, RBC）などでの酸素運搬および Mb が抹消組織（筋肉）での酸素貯蔵を行う。どちらも単量体当りの分子量（MW）が 10 000 を超える巨大分子であり，Hb は 2 種類の単量体（α 鎖および β 鎖）を 2 個ずつ集合した四量体，および Mb は Hb の 2 種類の単量体と酷似した単量体から構成される。そして Hb および Mb 共に単量体当りの 1 分子の活性中心であるヘム（Fe(II) プロトポルフィリン IX 錯体）を含んでいる。Hb および Mb を**図** 5.17 に示す。

表 5.6　ヘモグロビンとミオグロビン

名称（略号）	ヘモグロビン（Hb）	ミオグロビン（Mb）
金属種	Fe	Fe
金属錯体	ヘム[*1]	ヘム[*1]
分子量（MW）	約 65 000	約 17 000
単量体の MW	約 16 000	約 17 000
単量体数	4	1
単量体当りの錯体数	1	1
単量体アミ残基数	141（α サブユニット） 146（β サブユニット）	152
ヘリックス部数	8	8
シーツ部数	0	0
ランダムコイル部数	9	9
ヘムの第 5 配位座	F8 ヒスチジン	F8 ヒスチジン
機　能	O_2 運搬 （可逆的な O_2 配位）	O_2 貯蔵 （可逆的な O_2 配位）
所　在	赤血球など	抹消組織（筋肉）

〔注〕　[*1]Fe(II) プロトポルフィリン IX

Hb および Mb の活性中心ヘムは 136 ページの式（5.3）のように平面方向（第一〜四配位座）がポルフィリンの大環状配位子，一方の軸方向（第五配位座）がポリペプチド鎖（グロビン鎖）の F8 ヒスチジン（His）残基の配位子で配位され，もう一方の軸方向（第六配位座）から酸素が可逆的に結合するのである。このような可逆的な酸素結合により，酸素の運搬・貯蔵が可能となる。特に，Hb 溶液に酸素を接触させるとヘムは酸素化錯体を生成して鮮赤色の酸素

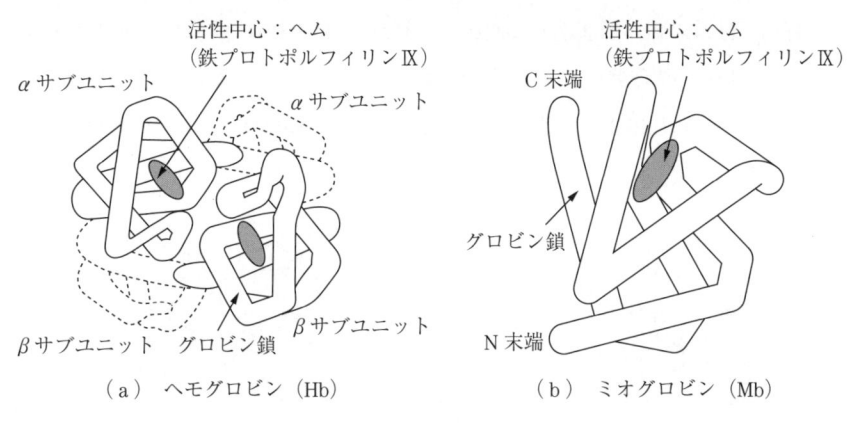

5.2 錯体と生物無機化学・生体模倣化学

図5.17 Hb および Mb

(a) ヘモグロビン (Hb)
(b) ミオグロビン (Mb)

が結合した状態†となる（式 (5.3)）。Hb 1 g は 37℃，1 気圧で酸素 1.34 ml と結合する。成人男子の血液 100 ml 中には Hb 15 g 含むので酸素（20.1 ml/100 ml 血液）を保持できる。これは，血漿中に物理溶解している酸素量（2.4 ml/100 ml 血漿）の 10 倍程度となる。酸素の可逆的な結合機能は一般に酸素結合・解離平衡曲線で表し，Hb および Mb は**図 5.18** のように描かれる。特

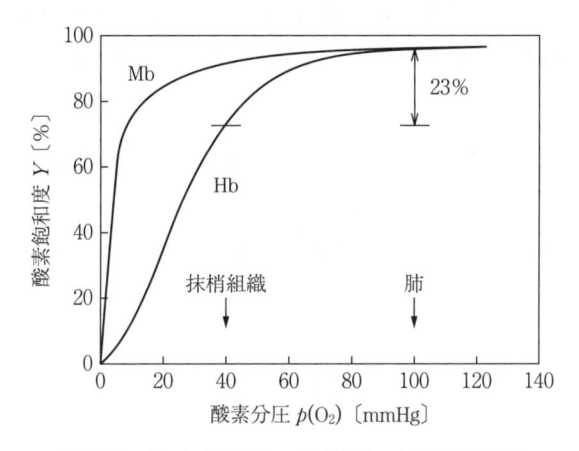

図 5.18 Hb および Mb の酸素結合・解離平衡曲線

---

† 一般に，式 (5.3) のように酸素が結合した状態を**酸素化状態**，酸素が結合していない状態を**脱酸素化状態**という。なお，中心金属の Fe(Ⅱ) が Fe(Ⅲ) に酸化した状態を**酸化状態**という。

に，Hb において肺（酸素分圧約 100 mmHg）では 97％の酸素結合をしているが，末梢組織（混合静脈血，酸素分圧約 40 mmHg）に行くと酸素を放出（酸素結合率 74％）して Mb に手渡されて貯蔵され，効率のよい酸素運搬が可能となっている。

$$\text{[鉄ポルフィリン錯体]} + O_2 \rightleftharpoons \text{[酸素化鉄ポルフィリン錯体]} \tag{5.3}$$

以下，鉄ポルフィリンを —Fe— あるいは $\underset{|}{\text{Fe}}$，軸方向の His 配位子を B で示す。

　このような Hb の酸素運搬能や Mb の酸素貯蔵能を再現する研究は，錯体化学，生物無機化学，生体模倣化学などにおいても重要であり，多くのモデル化合物が検討された。その考え方であるが，Hb や Mb は酸素分圧に対応した酸素結合が見られる（酸素化反応，式 (5.4)）。しかしながら，Hb や Mb からヘムを単離して酸素に接触させると，水中はもちろんのこと有機溶媒中でもヘムの Fe(II) が Fe(III) に不可逆酸化されて酸素分子の吸脱着はできなくなる（不可逆的な酸化反応，式 (5.5) および式 (5.6)）。すなわち可逆的な酸素結合を可能とするためにはつぎの 3 条件が必要である。

（ⅰ）脱酸素化ヘムの Fe(II) 錯体が五配位構造（式 (5.4)）をとって酸素結合席が空であること。

（ⅱ）酸素化錯体にもう一つのヘムが結合して μ-オキソ二量体を生成する不可逆的な酸化反応（二量化酸化，式 (5.5)）を禁止すること。

（ⅲ）酸素化錯体の酸素にプロトン（あるいは水）が付加する不可逆的な酸化反応（プロトン酸化，式 (5.6)）を抑制すること

Hb や Mb では F8 ヒスチジン残基がヘムに結合して（ⅰ）の条件を，そしてグロビン鎖が形成する疎水的なポケットに 1 分子のヘムを包埋することにより

（ii）および（iii）の条件が満たされ，水中でも可逆的な酸素結合を可能にしている。

（可逆的な酸素結合）

$$\mathrm{B\text{-}Fe(II)} + \mathrm{O_2} \rightleftarrows \mathrm{B\text{-}Fe\text{-}O_2} \tag{5.4}$$

（不可逆的な酸化反応（1）：二量化酸化）

$$\mathrm{B\text{-}Fe\text{-}O_2} \longrightarrow \mathrm{B\text{-}Fe(III)\text{-}O_2\text{-}Fe(III)\text{-}B} \text{ または } 2\mathrm{Fe(IV)}=\mathrm{O}$$

$$\longrightarrow \mathrm{Fe\text{-}O\text{-}Fe} \tag{5.5}$$

（不可逆的な酸化反応（2）：プロトン酸化）

$$\mathrm{B\text{-}Fe\text{-}O_2} + \mathrm{H}^+ \text{（あるいは } \mathrm{H_2O}） \longrightarrow \mathrm{B\text{-}Fe(III)\text{-}X} + \mathrm{HO_2^{\cdot}} \tag{5.6}$$

Hbの酸素運搬能やMbの酸素貯蔵能を再現する研究は，大きく分類するとつぎのようになる。

（1） 修飾ヘム錯体（低分子系）
（2） 高分子修飾ヘム錯体（高分子系）
（3） 高分子集合体/修飾ヘム錯体（高分子集合系）

（1）においてはヘム面に化学的な修飾を加えた誘導体で，第五配位子としてF8ヒスチジン残基に対応するイミダゾール，ピリジンなどがヘム面片側に結合し，反対面から酸素が結合できるよう枠組み構造を有するもので，代表例を**図5.19**（a）に示すと，ピケットフェンス型ポルフィリン，シクロファン型ポルフィリン，クラウンエーテル型ポルフィリン，シクロデキストリン型ポリフィリンなどがある。特に，ピケットフェンス型ポルフィリンは安定な酸素化錯体を形成して多くの物理化学的データを測定でき，HbおよびMbの構造，機能などの解析において多大なる貢献をしている。しかしながら，これらの修

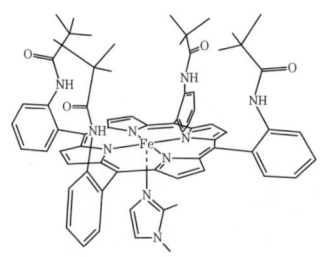

ピケットフェンス型ポルフィリン 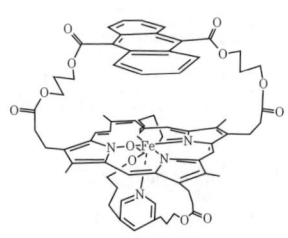　　シクロファン型ポルフィリン

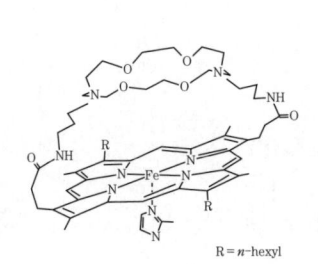

クラウンエーテル型ポルフィリン 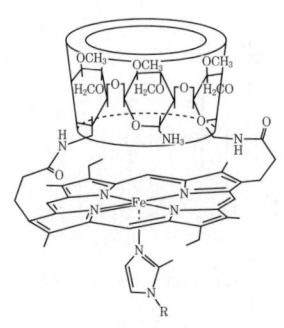　　シクロデキストリン型ポルフィリン

(a) 修飾ヘム錯体（低分子系）

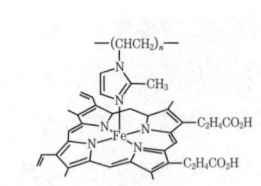

高分子配位ヘム錯体系
（ポリ (1-ビニル-2-メチルイミダゾール)
の高分子配位子を使用）

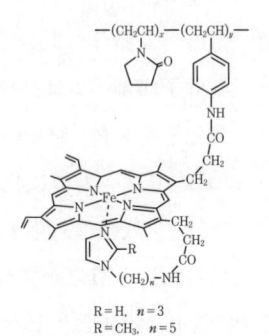

高分子結合ヘム錯体系 (1)
（ポリ (1-ビニルピロリドン-
co-スチレン) と共有結合）

$R=H, n=3$
$R=CH_3, n=5$

(b) 高分子修飾ヘム錯体（高分子系）

図 5.19 Hb および Mb ミミックスとしての修飾ヘム錯体，高分子修飾ヘム錯体および高分子集合体修飾ヘム錯体の一例

5.2 錯体と生物無機化学・生体模倣化学

R=H, $n=3$
R=CH$_3$, $n=5$

高分子結合ヘム錯体系 (2)
（デキスランと共有結合）

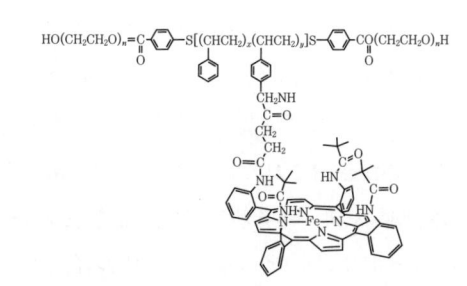

高分子結合ヘム錯体系 (3)
（親疎水ブロック共重合体と共有結合）

（b）つづき

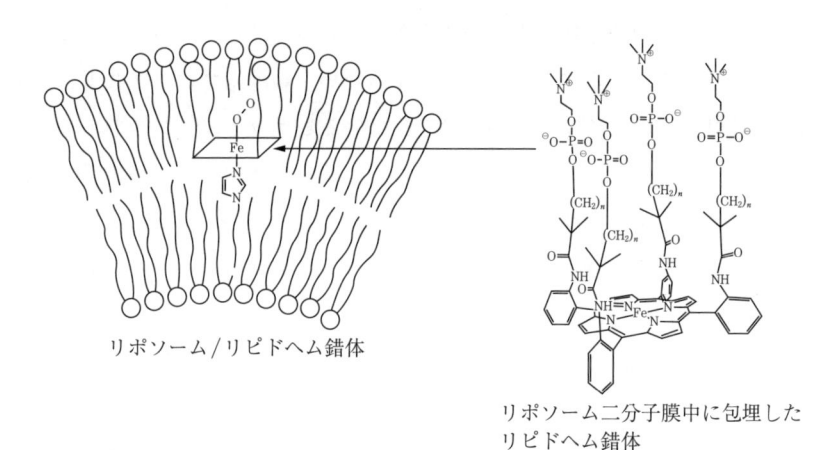

リポソーム/リピドヘム錯体

リポソーム二分子膜中に包埋した
リピドヘム錯体

（c）高分子集合体/修飾ヘム錯体（高分子集合系）

図 5.19 （つづき）

飾ヘム錯体では非プロトン性溶媒中では酸素の可逆的結合に成功しているが，水中ではいずれも不可逆酸化に終わっている．すなわち，立体枠組みを有する修飾ヘム錯体では二量化酸化（式 (5.5)）は防げるが，プロトン酸化（式 (5.6)）は防げないのである．

そのため，プロトン酸化においては水分子を排除するグロビン鎖のような疎水的ドメイン（環境）の検討が行われた．それが，図 (b) 高分子修飾ヘム錯体（高分子系）および図 (c) 高分子集合体/修飾ヘム錯体（高分子集合系）である．まず，モデルとしてグロビン鎖の部分を合成高分子に置き換えた高分子ヘム錯体が検討された．これは，金属錯体の反応性がそれを取り囲む高分子の立体枠組みや，環境効果に強く影響されることが要点となっている．例えば，ヘムとポリ（1-ビニル-2-メチルイミダゾール）（高分子配位ヘム錯体系）から成る水溶性錯体においては，低分子量配位子のヘム錯体が酸素接触により瞬時に酸化を受けるのとは対照的に，低温，水中で酸素化錯体が観測されている．また，高分子にヘム錯体を共有結合で固定した化合物，ポリ（1-ビニルピロリドン-co-スチレン）結合プロトヘムイミダゾリルアルキルアミド，デキストラン結合同ヘム誘導体（高分子結合ヘム錯体系）などにおいても低温，水中において可逆的な酸素化錯体の生成が報告されている．さらに，高分子によって構成される疎水場をさらに強固なものとするため，親疎水ブロック共重合体も利用し，活性中心付近の安定性が保障されているピケットフェンス型ポルフィリンから成る高分子ヘム錯体（親疎水ブロック共重合体結合ヘム錯体系）においては，室温，水中での酸素結合能が観測されている．

つぎに，水に溶けて疎水的な環境を提供できる生体材料の一つとして，**リポソーム**（liposome）がある．グロビン鎖の代わりに**リポソーム二分子膜**（bilayer of liposome）を使用した水中でのヘム錯体（高分子集合体/修飾ヘム錯体系，図 5.19 (c) はリポソーム/リピドヘム錯体）が酸素を可逆的に結合することが見い出されている．プロトン酸化を抑制する疎水的環境がヘム錯体部をリン脂質二分子膜中に包埋することによって水中でもヘム近傍に構築されていること，ヘム錯体部がリン脂質二分子膜中に分子分散してヘム平面が二分子膜平面

と平行に配向しており，二量化酸化を防いでいることなどが重要な点である。特に，このリポソーム／リピドヘム錯体は効果的な酸素運搬が可能となり，生体での**人工酸素運搬体**（artificial oxygen transporter），すなわち**人工血液**（artificial blood）の可能性を示唆している[†1]。

5.2.2 シトクロム c 酸化酵素とその模倣

図 5.16 に示す呼吸とは，生体が生命活動によって必要なエネルギーを生み出すことで，具体的には多糖類，タンパク質，脂肪などの高エネルギー物質（呼吸基質）を酸化分解して，その過程で生成するアデノシン三リン酸（ATP）などの高エネルギーのリン酸化合物に変換する作用である[†2]。

この呼吸には 3 段階あり，第 1 段階では呼吸基質である多糖類，タンパク質，脂肪などがそれぞれグルコースなどの単糖，アミノ酸，脂肪酸・グリセロールなどの低分子に分解される段階であり（このときの生体エネルギーである ATP 生産はない），第 2 段階は低分子がさらに分解されて活性酢酸であるアセチル補酵素（アセチル CoA）に変換される段階であり（ATP の生産は少量，2 分子程度），そして第 3 段階は細胞のミトコンドリア内部で化学反応が進行する段階である（ATP の生産は最大，36 分子程度）。

この第 3 段階にはクエン酸回路と電子伝達系（**図 5.20**）があり，前者はアセチル CoA が脱炭酸酵素，脱水素酵素などにより酸化分解されて CoA（1 分

[†1] 人工血液の研究には，つぎの第 1〜第 3 世代まであり，本系は第 3 世代に相当し，天然の Hb や Mb を模倣して酸素を可逆的に結合できる化合物（ヘムミミックス）を合成する試みである。
　第 1 世代：酸素高濃度溶解物質の利用（パーフロロ乳剤など）
　第 2 世代：天然 Hb の利用（PEG 修飾 Hb，架橋化 Hb，Hb 含有リポソームなど）
　第 3 世代：酸素結合能を有するヘム誘導体の利用（リポソーム／リピドヘムなど）
[†2] 一般に生体が空気を吸ったり吐いたりすることを呼吸というが，ここでの呼吸は生化学的な作用での表現である。ほとんどの生体が呼吸基質を酸化分解するために酸素を利用する。この酸素を利用する呼吸を酸素呼吸，酸素を利用しない呼吸を**無気呼吸**という。

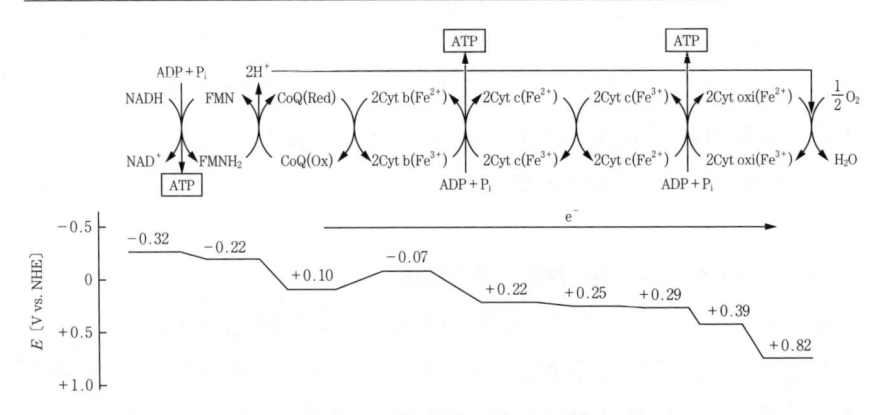

図5.20 呼吸鎖電子伝達系の機構

子）と二酸化炭素（CO_2，2分子）になるのと同時に3分子の還元型ニコチンアミドアデニンジヌクレオチド（NADH）と1分子の還元型フラビンアデニンジヌクレオチド（$FADH_2$）を生成する（ATPが2分子程度生成）。そして後者においてNADH，$FADH_2$などが生体内還元剤により導入され，多数の電子伝達物質（NADHデヒドロゲナーゼ，CoQ，シトクロムb（cytochrome b，Cyt b，以下同様），シトクロムc_1，シトクロムc，**シトクロムc酸化酵素**（cytochrome c oxidase，Cyt c oxi）など）を経て最終的に電子（e^-）がHbより運搬された酸素（O_2），プロトン（H^+）などと反応して水（H_2O）になる。この電子伝達作用により大量のATP（34分子程度）が生成される。すなわち，多糖類，タンパク質，脂肪などの高エネルギー物質とO_2からCO_2とH_2Oになる過程において生体エネルギーであるATPが生成される。特に，電子伝達系の最終反応で**シトクロムc酸化酵素**（**Cyt c oxi**）を触媒として酸素（O_2）が**四電子還元**（four electron reduction）されてH_2Oとなる（O_2のH_2Oへの還元，式(5.7)）。

$$O_2 + 4H^+ + 4e^- \xrightarrow{\text{Cyt c oxi}} 2H_2O \tag{5.7}$$

Cyt c oxiはミトコンドリア内膜上に存在するため単離が困難であったことから各種構造や反応機構が不明であったが，1995年のCyt c oxiのX線結晶構

造解析に関する報告などによって明らかとなった。Cyt c oxi と式 (5.7) に基づく物質の流れを**図 5.21** に，そして式 (5.7) に関連する反応機構を**図 5.22** に示す。これより

(1) Cyt c oxi に 4 個のサブユニット (1〜4) があり，サブユニット 1 にはヘム a およびヘム a_3-Cu_B が，サブユニット 2 には Cu_A-Cu_A が存在すること

(2) 電子 (e^-) は電子伝達系 (図 5.20) の Cyt c から式 (5.8) のように移動すること

(3) プロトン (H^+) は 2 種類のものがあり (図 5.21 および図 5.22)，式 (5.7) の反応に携わる化学プロトンおよび細胞の内側から外側に移動させるプロトンポンプに携わる透過プロトンであること

$$\text{Cyt c} \longrightarrow (\text{Cyc c oix 内})Cu_A\text{-}Cu_A - (1.9\,\text{nm}) \longrightarrow \text{ヘム a}$$
$$- (1.4\,\text{nm}) \longrightarrow \text{ヘム } a_3 \text{ と } Cu_B \quad \langle 活性中心 \rangle \tag{5.8}$$

(4) 酸素 (O_2) の水 (H_2O) への還元 (式 (5.7)) とプロトンポンプにつ

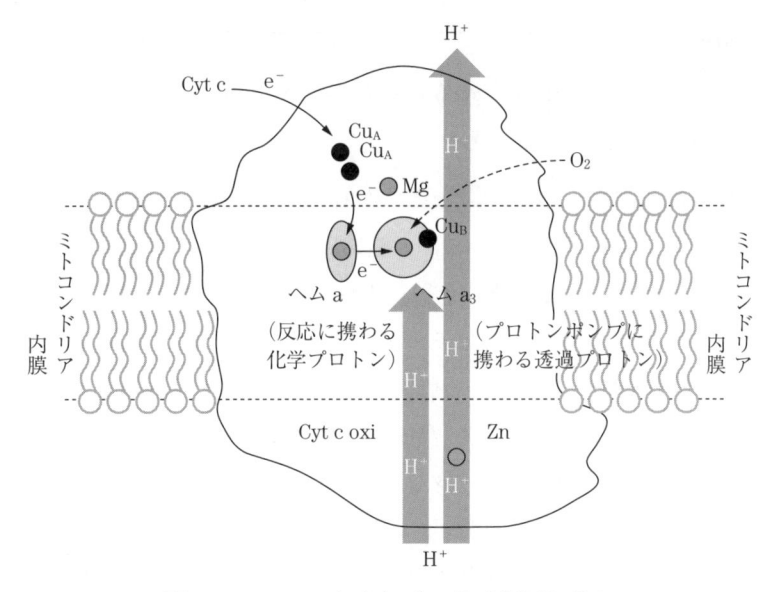

図 5.21 Cyt c oxi と式 (5.7) に基づく物質の流れ

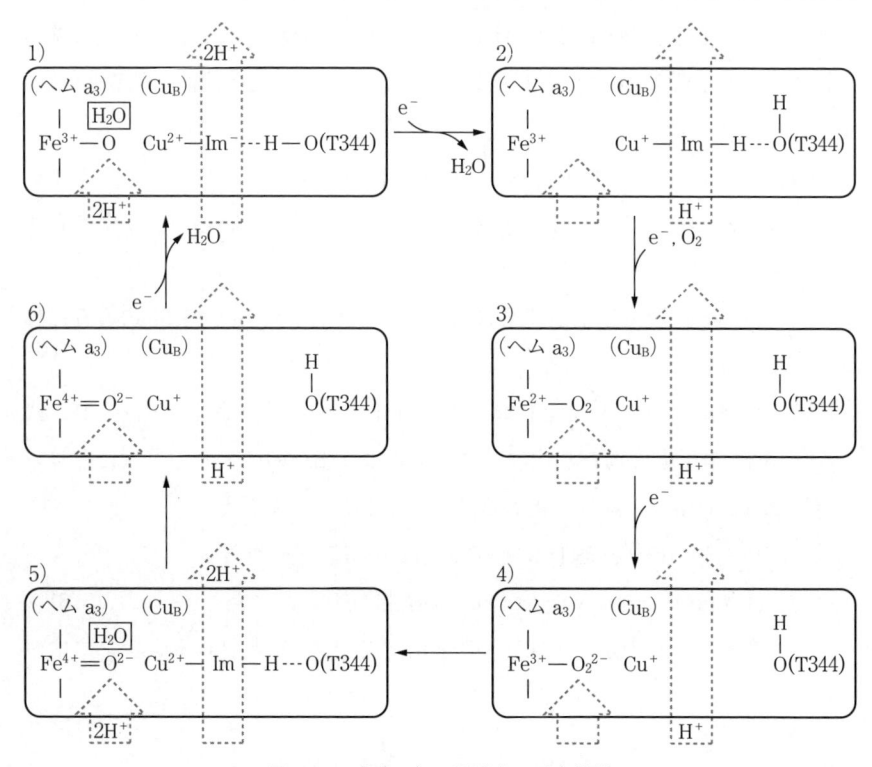

図 5.22 式 (5.7) に関連する反応機構

1) (ヘム a_3) (Cu$_B$)
Fe^{3+}—O—H$_2$O, Cu^{2+}—Im—H—O(T344)
(2H$^+$ 上, 2H$^+$ 下)

2) (ヘム a_3) (Cu$_B$)
Fe^{3+} Cu$^+$ Im—H---O(T344)
(2H$^+$ 上, H$^+$ 下)

3) (ヘム a_3) (Cu$_B$)
Fe^{2+}—O$_2$ Cu$^+$ H—O(T344)
(H$^+$ 下)

4) (ヘム a_3) (Cu$_B$)
Fe^{3+}—O$_2^{2-}$ Cu$^+$ H—O(T344)
(H$^+$ 下)

5) (ヘム a_3) (Cu$_B$)
Fe^{4+}=O^{2-} Cu^{2+}—Im—H---O(T344)
(2H$^+$ 上, 2H$^+$ 下, H$_2$O)

6) (ヘム a_3) (Cu$_B$)
Fe^{4+}=O^{2-} Cu$^+$ H—O(T344)
(H$^+$ 下)

反応は 1) → 2) (e$^-$, H$_2$O 放出) → 3) (e$^-$, O$_2$) → 4) → 5) → 6) → 1)

いての機構が図 5.22 の 1) → 2) → 3) → 4) → 5) → 6) → 1) のように推定されること[†(次ページ参照)]などである。

Cyt c oxi の酸素還元反応 (ORR) の触媒反応を人工系で再現するために，**図 5.23** に示すようにさまざまな金属錯体が合成されている．酸素の四電子還元反応は単核の金属錯体では難しく，二核錯体，多核錯体さらには分子集合系錯体を用いて初めて可能となる．活性中心の構造は 2 個の金属原子間に酸素が架橋配位して μ-パーオキソ構造 (M-O-O-M) を形成する場合に高い活性が発現している．ポルフィリンやフタロシアニンなどの大環状配位子を有する金属錯体は，対面型のコバルトポルフィリン二量体（図 5.23 の 1）における酸素の効率高い四電子還元系の観測が契機となり，酸素配位の動的過程や中間体の構造解析などの基礎的な検討を含めて現在でも幅広く研究されている．例え

ば，アントラセンやビフェニレン骨格から成る剛直な架橋構造を二つのポルフィリン環の片側だけに導入した場合には，酸素配位の際の立体障害が緩和されて反応律速電流（すなわち触媒のターンオーバー速度）が著しく大きくなる

---

† (前ページの脚注) 図5.22の詳細はつぎのように考えられる．
 1) ヘム a_3 と Cu_B はそれぞれ Fe^{3+} と Cu^{2+} の酸化状態であり，ヒスチジン (H)325 のイミダゾール (Im-H) はイミダゾレート (Im^-) となって Cu_B に結合し，Im^- への負電荷はトレオニン (T)344 との水素結合により安定化していること

$$[(\text{ヘム } a_3)\overset{|}{\text{Fe}}^{3+} \qquad (Cu_B)Cu^{2+} - Im^- \cdots H - O(T344)]$$

 2) Cu_B が1電子還元 ($+e^-$) されて Cu^+ となり，Im^- は T344 のプロトン (H^+) を受け取って Im-H になること

$$[(\text{ヘム } a_3)\overset{|}{\text{Fe}}^{3+} \qquad (Cu_B)Cu^+ - Im - \overset{\overset{H}{|}}{H} \cdots O(T344)]$$

 3) ヘム a_3 が1電子還元 ($+e^-$) されて Fe^{2+} となり，H325 は H^+ を受け取りイミダゾリウム ($^+$H-Im-H) になって Cu_B から離れて別の部位に結合する．この際酸素 (O_2) が取り込まれて Fe^{2+} と結合すること

$$[(\text{ヘム } a_3)\overset{|}{\text{Fe}}^{2+} - O_2(Cu_B)Cu^+ \qquad \overset{\overset{H}{|}}{O}(T344)]$$

 4) もう1電子導入 ($+e^-$) されて O_2 が還元されてペルオキソ (O_2^{2-}) となり，この電気的中性を保つために H^+ を取り込んでグルタミン酸 (E)278 に結合 (H⋯O(E278)) すること

$$[(\text{ヘム } a_3)\overset{|}{\text{Fe}}^{3+} - O_2^{2-}(Cu_B)Cu^+ \qquad \overset{\overset{H}{|}}{O}(T344)]$$

 5) O_2^{2-} に2個の H^+ を供給されてペルオキソの O-O 結合は開裂し，一方は H_2O になり，もう一方はオキソフェリル型 $Fe^{4+}=O^{2-}$ になる．二核中心の電気的中性を保つために H325 の2個の H^+ は細胞外に放出され，$^+$H-Im-H が Im-H となって Cu_B に戻り，E278 からプロトンを受け取って T344 と結合すること

$$[(\text{ヘム } a_3)\overset{\overset{\boxed{H_2O}}{|}}{\text{Fe}}^{4+} = O^{2-}(Cu_B)Cu^{2+} - Im - H \cdots \overset{\overset{H}{|}}{O}(T344)]$$

 6) Cu^{2+} は Cu^+ に還元され，3) と同様な過程で H325 に移動すること

$$[(\text{ヘム } a_3)\overset{|}{\text{Fe}}^{4+} = O^{2-}(Cu_B)Cu^+ \qquad \overset{\overset{H}{|}}{O}(T344)]$$

 1) 最後に再び 1) に戻るために2個の H^+ が導入されて H_2O を生成する．そして H325 のイミダゾリウムの2個の H^+ は細胞外に放出されてイミダゾール環が戻ってくること

$$[(\text{ヘム } a_3)\overset{\overset{\boxed{H_2O}}{|}}{\text{Fe}}^{3+} \qquad (Cu_B)Cu^{2+} - Im^- \cdots H - O(T344)]$$

このような循環機構が成立すると推定されている．

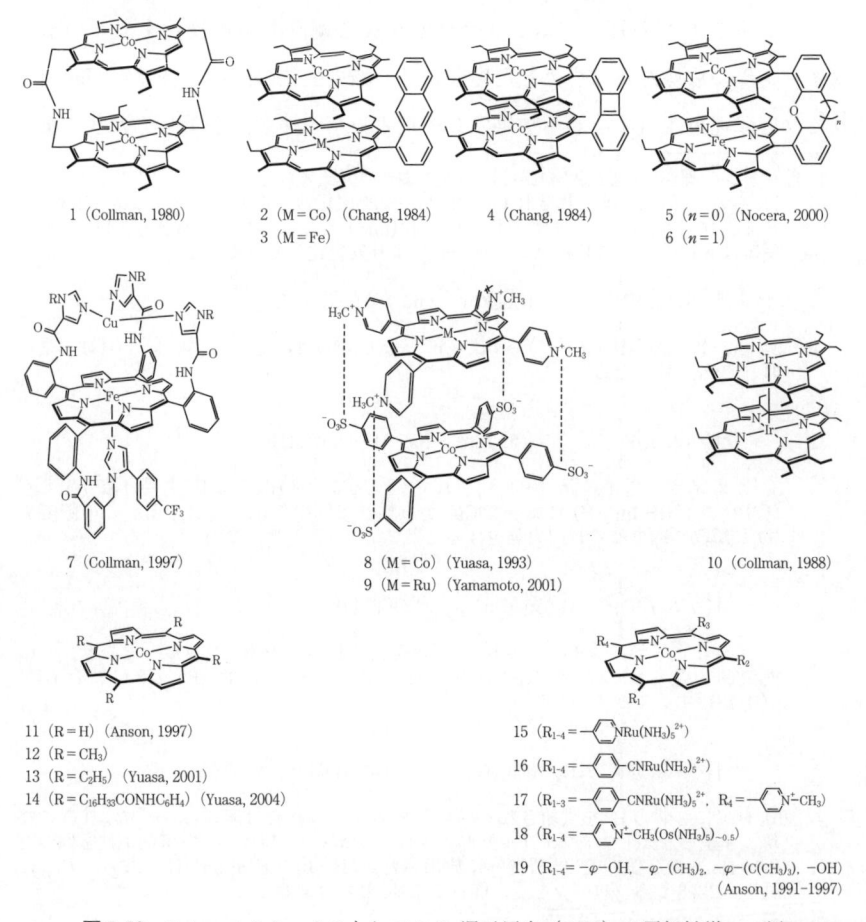

1 (Collman, 1980)
2 (M=Co) (Chang, 1984)
3 (M=Fe)
4 (Chang, 1984)
5 ($n=0$) (Nocera, 2000)
6 ($n=1$)

7 (Collman, 1997)
8 (M=Co) (Yuasa, 1993)
9 (M=Ru) (Yamamoto, 2001)
10 (Collman, 1988)

11 (R=H) (Anson, 1997)
12 (R=CH_3)
13 (R=C_2H_5) (Yuasa, 2001)
14 (R=$C_{16}H_{33}CONHC_6H_4$) (Yuasa, 2004)

15 ($R_{1-4}=$—⟨⟩—$NRu(NH_3)_5^{2+}$)
16 ($R_{1-4}=$—⟨⟩—$CNRu(NH_3)_5^{2+}$)
17 ($R_{1-3}=$—⟨⟩—$CNRu(NH_3)_5^{2+}$, $R_4=$—⟨⟩—CH_3)
18 ($R_{1-4}=$—⟨⟩—N—$CH_3(Os(NH_3)_5)_{-0.5}$)
19 ($R_{1-4}=$ —φ—OH, —φ—$(CH_3)_2$, —φ—$(C(CH_3)_3)$, —OH) (Anson, 1991–1997)

図 5.23 Cyt c oxi ミミックスとしての O_2 還元反応（ORR）の電極触媒の一例

と考えられる（図5.23の2〜4）。これに関連して結合部が蝶番（ちょうつがい）のように働いて二つのポルフィリン環が開閉する仕組みを持たせた錯体（図5.23の5および6）では酸素を加えたり離したりしながら触媒反応が円滑に進行すると報告されている。

一方，Cyt c oxi の活性中心の構造に着眼した錯体（図5.23の7）は生理条件に近い環境で酸素の四電子還元触媒として働くことが明らかにされている。これらのジポルフィリン類がいずれも多段の合成過程を要するのに対し，酸素

の架橋配位に適した対面型の二量体が自発的に形成される例として，メソ位に4個のイオン性置換基が導入された金属ポルフィリン錯体が反対電荷の類似錯体と4点結合して与えるイオンコンプレックスである（図5.23の8および9）。また，金属間で直接結合したポルフィリン錯体も簡単に得られる対面型の二量体として報告されている（図5.23の10）。

これらのように金属ポルフィリン錯体が一定の距離を保って配列した構造はエッジ面グラファイト電極に吸着したコバルトポルフィリンの単核錯体でも見い出されている（図5.23の11～13）。さらにポルフィリン環の規則的な配列構造は多くの分子集合体や超分子にも見られ，メソ位に長鎖アルキルアミドフェニル基を有するコバルトポルフィリンがアルコール中で自己集合して形成する逆ミセルは電極触媒に応用された唯一の例である（図5.23の14）。静的光散乱実験から得られる粒子散乱因子は，粒子形が長さ約200 nmの剛体棒であることを示し，EXAFSスペクトルから求められたコバルト原子間距離（約0.3 nm）と併せ，平均会合数800のナノロッドであることが明らかになっている。長鎖アルキル基を外側に向け，アミド基間の相互作用によりポルフィリン環が向かい合って一列に並んだ集合構造をとっているものと考えられる（**図5.24**）。

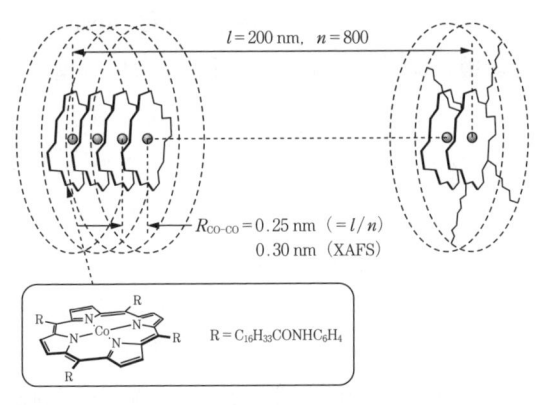

図 5.24 長鎖アルキル基を有するコバルトポルフィリンの集合構造（アルコール中での逆ミセル構造）

$l = 200$ nm, $n = 800$

$R_{\text{Co-Co}} = 0.25$ nm $(= l/n)$
0.30 nm（XAFS）

R = $C_{16}H_{33}CONHC_6H_4$

錯体周囲の多数の部位から中心金属に向けて電子を送り込むと，電子数が掛け算されるように中心金属から多数の電子を一度に取り出せるものと考えられる。このような発想から酸素の四電子還元系の構築において具体化された例もある（図5.23の15～19）。コバルトポルフィリンのメソ位にルテニウム（Ru）やオスミウム（Os）のアンミン錯体が結合すると，電子供給母体となって中心部に電子を押し込むために酸素の四電子還元の選択度が高くなり，活性点への電子の供給はRuやOsからポルフィリン環のメソ位配位子への逆供与に基づくことが明らかにされている。

また，このような金属錯体は燃料電池のアノードおよびカソードの触媒に用いられている白金系触媒の代替として，高価な白金の使用量の低減につながる可能性があることも検討されている（前項5.1.2〔2〕）。

5.2.3　スーパーオキシドジスムターゼとその模倣

5.2.1項および5.2.2項で説明したように，生体の多くは呼吸により酸素を取り入れ，酸素を血液中のHbによって細胞内に運んでMbに蓄えられ，そして有機物を酸化する際に発生する生体エネルギー（ATP）を生産するために酸素を利用して生命を支えている。その過程，すなわち電子伝達系でスーパーオキシドアニオンラジカル（$O_2^{\cdot -}$）などの**活性酸素種**（reactive oxygen species, ROS）が生成する。**図5.25**に示すように，生体において$O_2^{\cdot -}$のような活性酸素種は生命機構を支える不可欠な因子として機能しており（生理作用），また過剰な活性酸素種の生成に対しては**スーパーオキシドジスムターゼ**（superoxide dismutase, SOD），グルタチオンペルオキシダーゼ，カタラーゼなどのラジカル消去系酵素を備えることにより恒常的なバランスを保っている。しかしながら，生体内で活性酸素種の生成と消去の恒常性が崩れて酸化ストレス状態になると，大量の活性酸素種が生成されて強いラジカル毒性が生じ，ひいては，炎症疾患，神経疾患，動脈硬化，癌，糖尿病，虚血再灌流障害，加齢促進などの多くの病態に陥る（病理作用）。

このラジカル消去系酵素にスーパーオキシドジスムターゼ（SOD）があり，

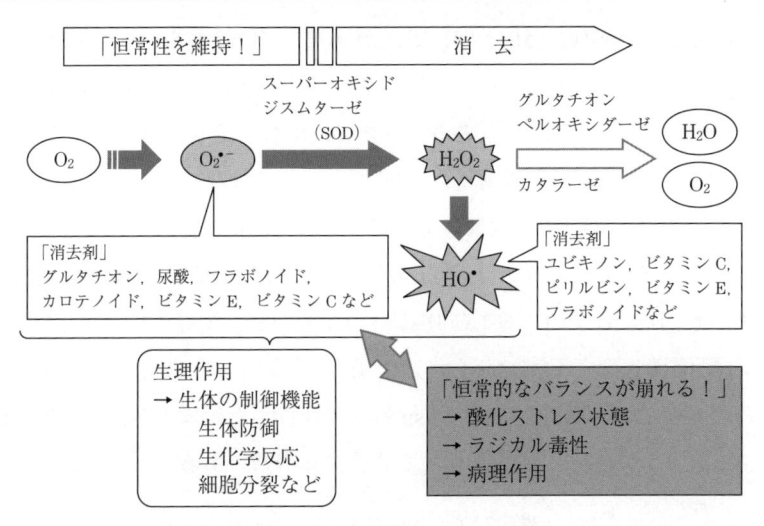

図 5.25　生体における $O_2^{\bullet -}$ の生成と消去，その消去剤および生理作用，病理作用との関係

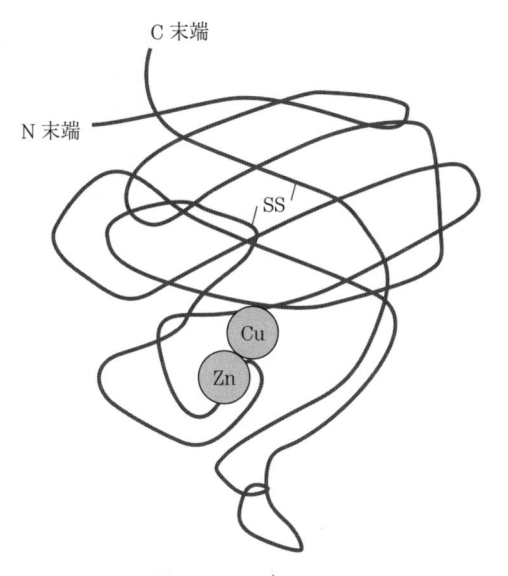

図 5.26　Cu/Zn-SOD

Cu/Zn-SOD, Fe-SOD, Mn-SODなどがある。代表的なCu/Zn-SODを**図5.26**に，およびその構造データを**表5.7**に示す。1個のCuおよびZnを含む同じ2個のサブユニットより成る二量体で，8本の逆並行β-シーツ鎖と3個のループより成るβ-バレル構造のサブユニットである。また1個のS-S結合があってCu/Zn-SODの一次構造上で保存され，構造保持のために存在する。活性中心であるCuイオンおよびZnイオンの配位構造部は，Cuイオンの場合ではHis46, His48, His63およびHis120の4個のHis残基が配位したひずんだ平面四配位構造，そしてZnイオンの場合ではHis63, His71, His80およびAsp83の3個のHis残基と1個のAsp残基が配位したほぼ正四面体に近い構造であり，His63がCuとZnを架橋する複核錯体構造である。

表5.7 Cu/Zn-SODの構造データ

名称（略号）	銅/亜鉛-スーパーオキシドジスムターゼ（Cu/Zn-SOD）
金属種	CuおよびZn
活性中心	Cuイオンに<u>4個のHis残基</u>が配位
（配位構造部）	(His 46, His 48, <u>His 63</u>, His 120)
	Znイオンに<u>3個のHis残基</u>と<u>1個のAsp残基</u>が配位
	(<u>His 63</u>, His 71, His 80, Asp 83)
分子量（MW）	約32 000
単量体のMW	約16 000
単量体数	2
単量体当りの活性中心数	1
単量体アミ残基数	151～155
ヘリックス部数	0
シーツ部数	8
ループ部数	3
S-S結合	1
機能	$O_2^{\cdot-}$の消去
	($O_2^{\cdot-}$の不均化反応触媒)

SODの反応機構は式(5.9)～(5.11)のようになり，$O_2^{\cdot-}$の**不均化反応**（disproportionation reaction：還元・酸化の反応を繰り返す反応）はSOD存在下において，速度定数で$10^9 (\mathrm{mol}/l)^{-1}\mathrm{s}^{-1}$程度の速い反応となる。

$$[\mathrm{M}^{n+}]\text{-SOD} + \mathrm{O}_2^{\cdot-} \longrightarrow [\mathrm{M}^{(n-1)+}]\text{-SOD} + \mathrm{O}_2 \tag{5.9}$$

$$[\mathrm{M}^{(n-1)+}]\text{-SOD} + \mathrm{O}_2^{\cdot-} + 2\mathrm{H}^+ \longrightarrow [\mathrm{M}^{n+}]\text{-SOD} + \mathrm{H}_2\mathrm{O}_2 \tag{5.10}$$

$$[\text{M}^{n+}]\text{-SOD}$$
$$\text{O}_2^{\bullet-} + 2\text{H}^+ \longrightarrow \text{O}_2 + \text{H}_2\text{O}_2 \tag{5.11}$$

($[\text{M}^{n+}]$-SOD および $[\text{M}^{(n-1)+}]$-SOD：SOD の酸化および還元状態

M^{n+}：Cu^{2+}，Fe^{3+} および Mn^{3+} に対応）

一般に球状の高分子化合物において活性中心が高分子の中心にある場合，高分子のドメインの影響により速度定数で $10^3 (\text{mol}/l)^{-1}\text{s}^{-1}$ 程度の遅い反応となるが，SOD において（ⅰ）Cu/Zn-SOD の速度定数が $10^9 (\text{mol}/l)^{-1}\text{s}^{-1}$ 程度と非常に速い反応であること，（ⅱ）SOD 表面で Cu イオンの占める割合がわずか 0.1％であること，（ⅲ）分子量約 32 000 と高分子量の SOD 1 分子に対して 2 原子分子の $\text{O}_2^{\bullet-}$ 1 分子とが反応することなどを考慮すると，$\text{O}_2^{\bullet-}$ を活性中心に導く機構が存在すると考えられ，**図 5.27** に示されるような $\text{O}_2^{\bullet-}$ の促進拡散を生じさせる正電荷などの集中している静電的な溝と活性中心へのチャネルを通って活性中心 Cu に結合すると考えられる。

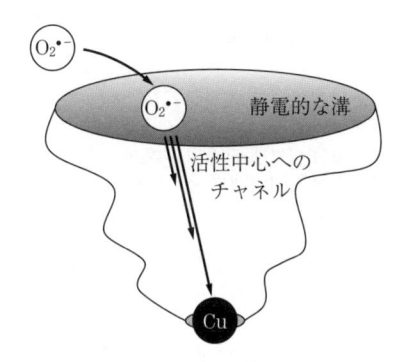

図 5.27 Cu/Zn-SOD の静電的な溝と活性中心へのチャネル

生体内の過剰な活性酸素種の消去や代謝を促進する検討のため，最近，**表 5.8** に示すように SOD のモデル化合物である **SOD ミミックス**（あるいは SOD 模倣体）の検討が行われている。SOD は式 (5.9) ～ (5.11) に示す反応を触媒する酵素であり，金属イオン（M^{n+}）の酸化還元電位［E(Ox/Red)，Ox：酸化状態および Red：還元状態］が $\text{E}(\text{O}_2/\text{O}_2^{\bullet-})$ と $\text{E}(\text{O}_2^{\bullet-}/\text{H}_2\text{O}_2)$ の電位の間（$-0.33 \sim +0.90$ V vs NHE）に位置すれば有効な触媒活性を示すことになる。

表5.8 SODミミックス

系	錯体
非大環状錯体系	M-デスフェラール錯体 M-キノリノール錯体 M-アミノポリカルボン酸錯体 (M(EDTA), M(CyDTA), M(NTA), M(EDDA) など) M-トリスピラゾリルボレート錯体 M-プリミン錯体 M-ピリジン錯体 (M(PyMeAmEt)$_3$, M(BzAmPy)$_2$ など) M-ピリジルポリカルボン酸錯体 M-ポリピリジン錯体 (M(TPEN), M(TPAA) など) M-サッカリン酸錯体 [M = Cu, Fe, Mn]
大環状錯体系	M-cyclam 錯体 (M-テトラアザシクロテトラデカン錯体, M[14]aneN$_4$ 錯体) M-ペンタアザシクロペンタデカン錯体 (M[15]aneN$_5$ 錯体) M-salen 錯体 (M-ジサリチリデンエチレンジアミンジアニオン錯体) M-ポルフィリン錯体 (MPFP, MT2MInPP, MT4MInPP, MT4TMAP, MT2MPyP, MT3MPyP, MT4MPyP, MT2EPyP, MT4EPyP, MBr$_8$T4MpyP, MTSaPP, MTBaP など) [M = Mn, Fe]
高分子金属錯体系	高分子結合 M ポルフィリン錯体 デンドリマー結合 M ポルフィリン錯体 生体分子結合 M ポルフィリン錯体 リポソーム包埋 M ポルフィリン錯体 [M = Fe, Mn]

このような条件を満たす金属錯体の中心金属イオンには銅(Cu), 鉄(Fe), マンガン(Mn) などがあり, 特に, 触媒活性, 触媒耐性などを考慮して Fe および Mn の金属錯体が多数検討されている. 代表的な一例として図5.28に Mn 錯体の SOD ミミックスを示す.

これら低分子系 SOD モデル化合物以外に, SOD と類似に分子設計された高分子系 [すなわち金属錯体の酵素活性部位と高分子の酵素ドメインから構成される高分子金属錯体] であり, (1) 修飾ヘムタンパク質である再構成ヘモグロビン[(154ページ参照)], ポリエチレングリコール (PEG) を修飾した再構成ヘモグロビン (PEG 修飾再構成ヘモグロビン), 再構成ヘモグロビンを架橋した多

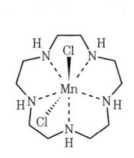

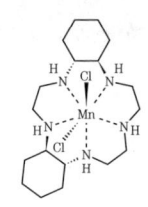

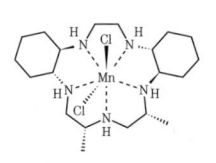

1 (Mn[15]aneN$_5$)Cl$_2$

2 [Mn(2R, 3R, 8R, 9R-ビスシクロ-ヘキサノ [15]aneN$_5$)Cl$_2$]

3 [Mn(2R, 3R, 8R, 9R-ビスシクロヘキサノ-11R, 14R-ジメチル [15]aneN$_5$)Cl$_2$]

（a） M-ペンタアザシクロペンタデカン錯体（M[15]aneN$_5$ 錯体）

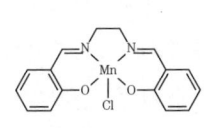

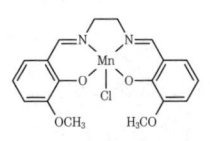

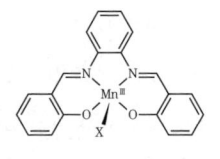

4 Mn(salen) 誘導体 1

5 Mn(salen) 誘導体 2

6 Mn(salophen)

（b） M-salen 錯体（M-ジサリチリデンエチレンジアミンジアニオン錯体）

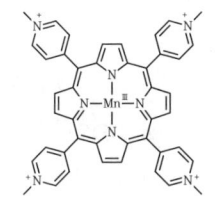

7 Mn(T4MPyP)

8 Mn(Br$_8$TMPyP)

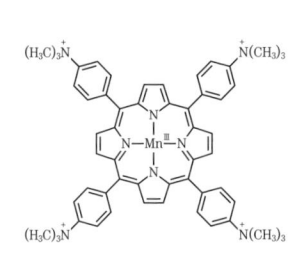

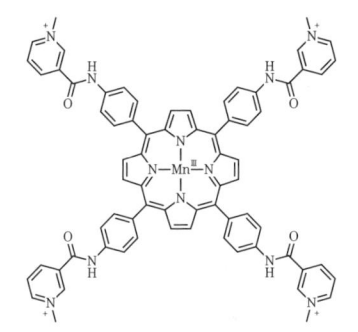

9 Mn(T4TMAP)

10 Mn(T4MInPP)

（c） M-ポルフィリン錯体

図 5.28　Mn 錯体の SOD ミミックス

量体（多量化再構成ヘモグロビン）などがある。また，（2）高分子結合金属ポルフィリン錯体であるスチレンと無水マレイン酸の共重合体（SMA 共重合体）を共有結合した金属ポルフィリン錯体（SMA 共重合体結合金属ポルフィリン錯体），ポリ（L-リシン）（PLL）を共有結合した金属ポルフィリン錯体（PLL 結合金属ポルフィリン錯体，そして（3）水溶性（カチオン性）金属ポルフィリン錯体の多量化についての検討としてベンゼンヘキサイル基を殻（コア）として水溶性置換基である N'-メチルピリジニウム-4-イル基をメソ位に有する金属ポルフィリン錯体がコアに 6 個結合したデンドリマー型の多量化金属ポルフィリン錯体などがある。さらに（4）高分子系であっても立体障害の影響を受けないような分子設計が重要となる。そこで上記のデンドリマー型多量化金属ポルフィリン錯体をより高分子量で，かつ活性部位である金属ポルフィリン錯体を表面・表層に分子分散させる試みとして，リポソームの表層にカチオン性金属ポルフィリンを導入した高分子系 SOD ミミックスも合成されている（金属ポルフィリン錯体導入リポソーム，**図 5.29**）。

上記のような高分子金属錯体を応用して，ナノオーダーのドラッグデリバリーシステム（**ナノ-ドラッグデリバリーシステム**（**n-DDS**）[†]）のようなナノバイオ応用を指向した高分子系 SOD ミミックスも現在注目されている。

---

† （152 ページの脚注）ヘモグロビンのアポタンパク質（4 個のグロビン鎖ユニットの集合体）を担体とし，その活性部位を SOD 活性のあるカチオン性金属ポルフィリン錯体に置き換えた高分子系 SOD ミミックスである。

† n-DDS として水溶性高分子，マイクロスフェア，高分子ミセル，リポソームなどの利用があり，n-DDS のためには a) 腎排泄，リンパ系，異物排除システム，細網内皮系（reticuloendothelial systems, RES）などの排泄・代謝回避性，b) 血中安定性・滞留性，c) 患部組織・細胞集積性，d) 患部細胞内輸送性，e) 患部組織・細胞選択攻撃性などを有する必要がある。

(a) (b)

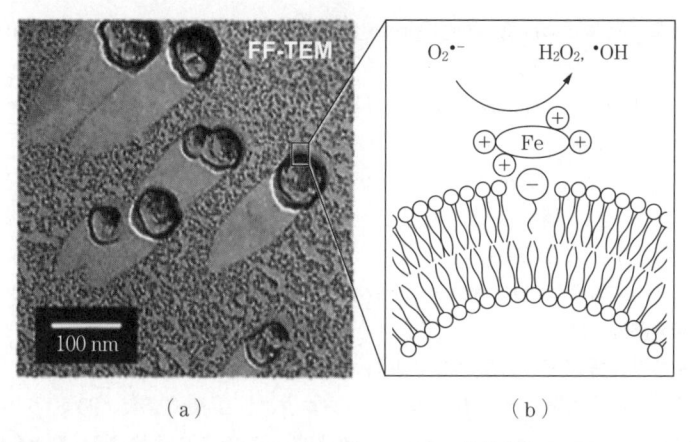

図 5.29 SOD ミミックスとしての金属ポルフィリン錯体導入リポソームの一例

引用・参考文献

[章全体]

- シュライバー，アトキンス著，玉虫伶太，佐藤 弦，垣花正人訳：シュライバー 無機化学（第3版），東京化学同人（2001）
- 基礎錯体工学研究会 編：新版 錯体化学—基礎と最新の展開，講談社（2002）
- 松林玄悦，黒沢英夫，芳賀正明，松下隆之：錯体・有機金属の化学，丸善（2003）
- 佐々木陽一，柘植清志：錯体化学，裳華房（2009）
- 水町邦彦，福田 豊：プログラム学習 錯体化学，講談社サイエンティフィク（1991）
- 柴田雄次，木村健二郎 監修：無機化学全書 別巻 錯体，丸善（1981）
- 山崎一雄，中村大雄：錯体化学，裳華房（1984）
- 山川浩司，松島美一，久留正雄：有機金属錯体の化学，講談社サイエンティフィク（1985）
- F. Basolo, R. C. Johnson 著，山田祥一郎 訳：配位化学—金属錯体の化学 第2版，化学同人（1987）
- 清山哲郎：化学 one Point 16 化学センサ，共立出版（1985）
- 山川浩司，金岡祐一，岩澤義郎：メディシナルケミストリー，講談社（2004）
- 産総研プレスリリース（2004年9月）：

http://www.aist.go.jp/aist_j/press_release/pr2004/pr20040916/pr20040916.html（2014年7月現在）
- R. Bashyam, P. Zelenay：*Nature*, **443**, 63（2006）
- J. Ozaki, et al.：*Carbon*, **44**, 1324（2006）
- F. Jaouen, M. Lefevre, J.-P. Dodelet：*J. Phys. Chem.* B, **110**, 5553（2006）
- ポルフィリン研究会 編：現代化学 増刊 27 ポルフィリン・ヘムの生命科学，東京化学同人（1995）
- 加藤治文監修：PDT ハンドブック 光線力学的治療のアドバンストテクニック，医学書院（2002）
- 長谷川悦雄編著：有機エレクトロニクス，工業調査会（2005）
- 長谷川悦雄編著：ナノ有機エレクトロニクス，工業調査会（2008）
- 日経マイクロデバイス / 日経エレクトロニクス 編：太陽電池 2008/2009，日経BP社（2008）
- 島原健三：概説 生物化学，三共出版（1991）
- W. Kaim, B. Schwederski：Bioinorganic Chemistry：Inorganic Elements in the Chemistry of Life, John Wiley and Sons（1994）
- 増田秀樹，福住俊一編著：錯体化学選書1 生物無機化学，三共出版（2005）
- 湯浅 真：オレオサイエンス，**1**，131（2001）
- 亘 弘，生越久靖，飯塚哲太郎：化学増刊 76 ヘムタンパク質の化学，化学同人（1978）
- 長 哲郎，小林長夫，生越久靖，杉本博司，柏木 浩，大勝靖一，飯塚哲太郎，石村 巽：ポルフィリンの化学，共立出版（1982）
- 土田英俊，湯浅 真，人工臓器，**14**，1934（1985）
- D. P. Riley：*Chem. Rev.*, **99**, 2573（1999）
- 美浦 隆，佐藤祐一，神谷信行，奥山 優，縄舟秀美，湯浅 真：電気化学の基礎と応用，朝倉書店（2004）
- J. P. Collman, R. Boulatov, C. J. Sunderland, L. Fu：*Chem. Rev.*, **104**, 561（2004）
- 小柳津研一，湯浅 真：高分子加工，**54**，88（2005）
- M. Yuasa, K. Oyaizu, A. Yamaguchi, M. Kuwakado：*J. Am. Chem. Soc.*, **126**, 11129（2004）
- 湯浅 真，小柳津研一，村田英則：オレオサイエンス，**6**，307（2006）
- M. Yuasa, K. Oyaizu, A. Horiuchi, A. Ogata, T. Hatsugai, A. Yamaguchi, H. Kawakami：*Molecular Pharmaceutics*, **1**, 387（2004）

[図表]
- (a) M. Kawa, J. M. J. Frechet : *Chem. Mater.*, **10**, 286 (1998) および (b) S.-E. Stiriba, H. Frey, R. Haag : *Angew. Chem. Int.* Ed., **41**, 1329 (2002)
- S. Horike, S. Shimomura, S. Kitagawa : *Nature Chem.*, **1**, 695 (2009)
- (a) M. F. Pertz : J. Mol. Biol., **13**, 646 (1965), (b) M. F. Perutz : *Nature*, **228** (Nov. 21), 726 (1970) および (c) G. Fermi : *J. Mol. Biol.*, **97**, 237 (1975)
- (a) T. Tsukihara, H. Aoyama, E. Yamashita, T. Tomizaki, H. Yamaguchi, K. Shinzawa-Itoh, R. Nakashima, R. Yaono, S. Yoshikawa : *Science*, **269**, 1069 (1995) および (b) S. Iwata, C. Ostermeier, R. Ludwig, H. Michel : *Nature*, **376**, 660 (1995)
- J. Richardson, K. A. Thomas, B. H. Rubin, D. C. Richardson : *Proc. Nat. Acad. Sci.* USA, **72**, 1349 (1975)

索引

【あ】

アーヴィン・ウィリアムス
　（Irving-Williams）系列　52
アクアイオン　45
安定度定数　48

【い】

鋳型反応　69
異性体　4

【え】

エナンチオマー　80
エントロピー効果　54
円偏光二色性　80

【お】

音響化学療法用薬剤　109

【か】

外圏型（電子移動）反応　63
会合機構　56
外部配位圏　61
解離機構　56
化学療法　112
架橋中間体　62
角重なりモデル　39
活性酸素種　148
カルボニル　7
還元剤　44
還元的脱離　98
顔料　107

【き】

幾何異性体　4
軌道　13

機能性高分子合成触媒　110
キュリー・ワイスの法則
　（Curie-Weiss's law）　99
キレート　5
キレート環　54
キレート効果　54
金属イオンセンサー　110
金属イオン抽出剤　106
金属イオン分析試薬　106, 107
金属イオン捕集剤　106
金属-金属結合系遷移　69
金属酵素　2
金属錯体　1
金属錯体液晶　108
金属錯体系薬剤　109
金属生体分子　130
金属-有機構造体　127

【く】

クラウンエーテル　112
グレッツェルセル　121

【こ】

光化学反応　68
光学異性体　4
光学的酸素センサー　107
交換反応速度　46
交換反応速度定数　47
高スピン　28
光線力学診断　108
光線力学療法　124
交替機構　56
高分子集合体/修飾ヘム錯体　137
高分子修飾ヘム錯体　137
固体高分子形燃料電池　116

コバルトポルフィリン二量体　144
混合原子価間　93
混成軌道　22

【さ】

錯形成定数　48
酸化還元　2
酸化還元反応　44, 60, 66
酸化剤　44
酸化状態　135
酸化的付加　97
酸素化状態　135
酸素還元反応　117, 144
酸素結合・解離平衡曲線　135

【し】

ジアステレオマー　80
磁化率　27
磁気共鳴イメージング　126
色素増感　122
色素増感太陽電池　121
自己集積能金属錯体　109
自己組織化膜　108
シスプラチン　113
シトクロム c 酸化酵素　142
自由エネルギー直線関係　52, 54
修飾ヘム錯体　137
人工血液　141
人工酸素運搬体　141
振電相互作用　89

【す】

水和イオン　45
スーパーオキシド
　ジスムターゼ　148

索引

【せ】

制御ラジカル重合用触媒	107
正孔阻止層材料	119
生成定数	48
生体模倣化学	105, 130
生物無機化学	2, 105, 130
赤血球	134
絶対配置	80
全安定度定数	49
遷移元素	15
選択律	88
染　料	107

【た】

大環状効果	56
対称操作	86
多孔性配位高分子	127
脱酸素化状態	135
単一鎖内架橋	112

【ち】

置換活性	44
置換反応	44, 46
置換不活性	44
逐次安定度定数	49
中性子捕捉療法用薬剤	109

【て】

低スピン	28
電荷移動	93
電荷移動遷移	69
電気化学的センサー	106
電気的特性	108
電極触媒	116
点　群	73
電子アクセプター	44
電子移動	2
電子移動反応	44, 60, 63
電子供与体	44
電子受容体	44
電子ドナー	44
デンドリマー	126

【と】

トランス効果	59

【な】

内圏型（電子移動）反応	61
内部配位圏	61
ナノ〜サブミクロン構造薄膜用プレカーサー材料	108
ナノ-ドラッグデリバリーシステム	154

【に】

二重鎖間架橋	112
二量化酸化	136

【は】

配位高分子錯体結晶	127
配位子	2
配位子内遷移	69
配位子場安定化エネルギー	33
配位子場遷移	69
配位子場分裂	30
配位子場理論	1
配位数	45
配位説	1
発光層材料	119
バリノマイシン	111
バルク水	46

【ふ】

フォトフリン	124
不均化反応	150
不斉還元分子触媒	110
不対電子	15
ブラッグの式（Bragg equation）	83
フランク・コンドンの原理（Franck-Condon principle）	65
フロスト（Frost）ダイアグラム	60
プロトン酸化	136
分光化学系列	34
分子磁石	108
分子状酸素	133

【へ】

ヘモグロビン	134
ベリー擬回転（Berry pseudorotation）	76

【ほ】

放射性同位元素イメージング用造影剤	109

【ま】

マーカスの理論（Marcus theory）	64
マクロ環効果	56

【み】

ミオグロビン	134

【も】

模倣体	130

【や】

ヤーン・テラーひずみ（Jahn-Teller distortion）	33, 52

【ゆ】

有機エレクトロルミネセンス（有機EL）	118
有機金属化学	2
有機半導体材料	115
有効磁気モーメント	15

【よ】

四電子還元	142

【り】

立体効果	55
リポソーム	140
リポソーム二分子膜	140
量子数	13
りん光発光型有機エレクトロルミネセンス材料	120

【れ】

レザフィリン	124

索引

【A】
A 機構	56
a 機構	58
AOM	39

【C】
CD	80
CDDP	113
CT	93
CT 遷移	69
Cyt c oxi	142

【D】
D 機構	56
d 機構	58
d-d 遷移	69
DSSC	121

【H】
Hb	134
HSAB 則	81

【I】
I 機構	56
ITO	119
IV	93

【L】
LFER	52
LMCT	69, 93

【M】
Mb	134
MLCT	69, 93
MOF	127
MRI 用造影剤	109

【N】
NCT	109
n-DDS	154

【O】
ORR	117, 144

【P】
PCP	127
PDT	124

【R】
RI	109

【S】
SCT	109
SOD	148
SOD ミミックス	151

【X】
X 線回折	83

【ギリシャ文字】
δ 結合	18
μ- パーオキソ構造	144
π 逆供与	16
π 結合	18
σ 結合	18

―― 著者略歴 ――

湯浅　真（ゆあさ　まこと）
1983年　早稲田大学理工学部応用化学科卒業
1985年　早稲田大学大学院理工学研究科修士
　　　　課程修了（応用化学専攻）
1988年　早稲田大学大学院理工学研究科博士
　　　　後期課程修了（応用化学専攻）
　　　　工学博士
1998年　東京理科大学助教授
2001年　東京理科大学教授
　　　　現在に至る

秋津　貴城（あきつ　たかしろ）
1995年　大阪大学理学部化学科卒業
1997年　大阪大学大学院理学研究科修士課程
　　　　修了（無機及び物理化学専攻）
2000年　大阪大学大学院理学研究科博士課程
　　　　修了（化学専攻）
　　　　博士（理学）
2008年　東京理科大学講師
2012年　東京理科大学准教授
2016年　東京理科大学教授
　　　　現在に至る

錯体化学の基礎と応用
Fundamentals and Applications of Coordination Chemistry

©Makoto Yuasa, Takashiro Akitsu 2014

2014年10月31日　初版第1刷発行　　　　　　　　　　　　　　　　　　　　　★
2022年8月5日　初版第2刷発行

	著　者	湯　浅　　　真
検印省略		秋　津　貴　城
	発行者	株式会社　コロナ社
		代表者　牛来真也
	印刷所	新日本印刷株式会社
	製本所	有限会社　愛千製本所

112-0011　東京都文京区千石 4-46-10
発行所　株式会社　コ　ロ　ナ　社
CORONA PUBLISHING CO., LTD.
Tokyo Japan
振替00140-8-14844・電話(03)3941-3131(代)
ホームページ　https://www.coronasha.co.jp

ISBN 978-4-339-06634-0　C3043　Printed in Japan　　　　　　（横尾）

JCOPY ＜出版者著作権管理機構 委託出版物＞
本書の無断複製は著作権法上での例外を除き禁じられています。複製される場合は，そのつど事前に，
出版者著作権管理機構（電話 03-5244-5088，FAX 03-5244-5089，e-mail: info@jcopy.or.jp）の許諾を
得てください。

本書のコピー，スキャン，デジタル化等の無断複製・転載は著作権法上での例外を除き禁じられています。
購入者以外の第三者による本書の電子データ化及び電子書籍化は，いかなる場合も認めていません。
落丁・乱丁はお取替えいたします。

技術英語・学術論文書き方，プレゼンテーション関連書籍

プレゼン基本の基本 －心理学者が提案するプレゼンリテラシー－
下野孝一・吉田竜彦 共著／A5／128頁／本体1,800円／並製

まちがいだらけの文書から卒業しよう 工学系卒論の書き方
－基本はここだ！－
別府俊幸・渡辺賢治 共著／A5／200頁／本体2,600円／並製

理工系の技術文書作成ガイド
白井 宏 著／A5／136頁／本体1,700円／並製

ネイティブスピーカーも納得する技術英語表現
福岡俊道・Matthew Rooks 共著／A5／240頁／本体3,100円／並製

科学英語の書き方とプレゼンテーション（増補）
日本機械学会 編／石田幸男 編著／A5／208頁／本体2,300円／並製

続 科学英語の書き方とプレゼンテーション
－スライド・スピーチ・メールの実際－
日本機械学会 編／石田幸男 編著／A5／176頁／本体2,200円／並製

マスターしておきたい 技術英語の基本－決定版－
Richard Cowell・佘 錦華 共著／A5／220頁／本体2,500円／並製

いざ国際舞台へ！ 理工系英語論文と口頭発表の実際
富山真知子・富山 健 共著／A5／176頁／本体2,200円／並製

科学技術英語論文の徹底添削 －ライティングレベルに対応した添削指導－
絹川麻理・塚本真也 共著／A5／200頁／本体2,400円／並製

技術レポート作成と発表の基礎技法（改訂版）
野中謙一郎・渡邉力夫・島野健仁郎・京相雅樹・白木尚人 共著
A5／166頁／本体2,000円／並製

知的な科学・技術文章の書き方 －実験リポート作成から学術論文構築まで－
中島利勝・塚本真也 共著
A5／244頁／本体1,900円／並製
日本工学教育協会賞（著作賞）受賞

知的な科学・技術文章の徹底演習
塚本真也 著
工学教育賞（日本工学教育協会）受賞
A5／206頁／本体1,800円／並製

定価は本体価格+税です。
定価は変更されることがありますのでご了承下さい。

図書目録進呈◆